Gustav Theodor Fechner

Einige Ideen zur Schöpfungs- und Entwickelungsgeschichte der Organismen

Elibron Classics
www.elibron.com

Elibron Classics series.

ISBN 0-543-97966-0 (paperback)
ISBN 0-543-97965-2 (hardcover)

This Elibron Classics Replica Edition is an unabridged facsimile of the edition published in 1873 by Breitkopf und Härtel, Leipzig.

Einige Ideen

zur

Schöpfungs-

und

Entwickelungsgeschichte

der

Organismen.

Von

Gustav Theodor Fechner.

Leipzig,

Druck und Verlag von Breitkopf und Härtel.

1873.

Vorwort.

Die Lehre von der Schöpfung und Entwickelung der Organismen ist zugestandenermassen durch Darwin in ein neues Stadium getreten, indem selbst die vielfache Opposition, die er gefunden, nur beigetragen hat, neues Leben in die ganze Lehre zu bringen. In Deutschland ist es unstreitig Häckel, welcher als Hauptvertreter der Descendenzlehre in Darwin's Sinne angesehen werden kann; und die lichtvolle, ohne zu grosses Detail alles Wesentliche zusammenfassende und in eigener Entwickelung fortführende, Darstellung derselben in seiner, jetzt in vierter Auflage erscheinenden, »Natürlichen Schöpfungsgeschichte« ist in der That sehr geeignet, einen klaren Einblick in diese Lehre gewinnen zu lassen. Ich selbst gestehe, nach längerem Sträuben gegen die Descendenzlehre zu ihr bekehrt worden zu sein. Freilich ist sie nach ihrer bisherigen Aufstellung nicht frei von Schwierigkeiten, Unwahrscheinlichkeiten, Lücken und Hypothesen, die nicht eben so sicher als die durch sie zu verknüpfenden Thatsachen sind. Warum sich also überhaupt an sie halten? Einfach aus dem Grunde, weil jede andere Lehre, durch welche man die Descendenzlehre ersetzen möchte, an denselben Unvollkommenheiten in unverhältnissmässig höherem Grade leidet. Es gilt in der That hier ein fundamentales Entweder, Oder: Entwickelung der höheren Organisationsstufen aus den niedern, oder Neuschöpfung jeder höhern Stufe so zu sagen aus dem Urschlamm; und will man das Letztere nicht annehmen, was fruchtet eine blos negirende oder blos mäkelnde Opposition gegen das Erstere?

Specialisten, die sich von der Frage nicht berührt finden, mögen sie bei Seite lassen: aber sie hängt mit zu vielen und zu wichtigen allgemeinen Fragen zusammen, um sie überhaupt bei Seite zu lassen; statt sich also von ihr abzuwenden, gilt es, ihr gerade ins Gesicht zu sehen. Und muss man hienach den Grundpunkt der Descendenzlehre zugestehen, so kann es sich nur noch darum handeln, die Unvollkommenheiten ihrer Ausführung zu heben, das Unhaltbare darin durch Haltbareres zu ersetzen. Schon verschiedene Versuche sind in dieser Beziehung gemacht worden, ohne bisher recht durchschlagend gefunden zu sein. Auch diese Schrift versucht sich in einigen Ideen dazu, die ihres Erfolges zu warten haben.

In der That hat man wohl zu unterscheiden, was zur Begründung und Entwickelung der Descendenzlehre wesentlich ist und was nicht, was Sache der Thatsachen und was Sache ihrer Auslegung ist; und in diesen Hinsichten steht noch keineswegs Alles so fest und sicher, als es nach der Vertretung der Descendenzlehre durch ihre entschiedensten Anhänger scheinen möchte. Vielmehr glaube ich, dass mit Vortheil für Hebung wichtiger Schwierigkeiten und grössere Eingänglichkeit der ganzen Lehre noch eine Vertiefung der allgemeinen Principien derselben, eine Modification ihrer Ansicht von der organischen Grundconstitution und ein Umsturz der Ansicht von der allerersten Entstehung der Organismen möglich ist. Die Vertiefung suche ich in der Aufstellung eines allgemeinen Principes, welches alle organischen Entwickelungsgesetze verknüpfend unter sich begreift (III. und XI.), und was ich unter der Bezeichnung als Princip der Tendenz zur Stabilität der Aufmerksamkeit der Forscher insofern empfehlen möchte, als nicht nur die, so oft schon gegen Darwin und Häckel geltend gemachte, Foderung eines einheitlichen Planes der organischen Entwickelung, sondern auch die darüber hinaus gehende Foderung einer Vereinbarung des teleologischen und Causalprincips des gesammten Geschehens dadurch ihre Befriedigung in einem klaren, exact formulirbaren Ausdruck findet. Die Modification suche ich darin, dass ich die organischen Grundeigenschaften nicht von einer eigenthümlichen chemischen Constitution und damit zusammenhängenden Aggregatform der Materie, sondern von einem molecularen Bewegungszustande abhängig mache (I. II.); den Umsturz endlich darin, dass ich die seither als nothwendig behauptete und doch der Bewährung sich hartnäckig entziehende Ansicht von einer primären Entstehung der Organismen aus dem unorganischen Reiche heraus durch eine, aus Betrachtung des Urzustandes der Erde folgende, in gewissem Sinne gerade entgegengesetzte, Ansicht ersetze (V.), womit sich Vieles, was als Consequenz der bisherigen Ansicht in der Descendenzlehre fest zu stehen schien, zugleich umkehrt (VIII.).

Mit all' dem bleiben Darwin's Gesetze der Züchtung durch Abänderung, Vererbung und Kampf um's Dasein, worin das Wesentlichste seiner Lehre besteht, im Rechte; nur dass das Princip des Kampfes um das Dasein hier blos als Correctiv oder Ergänzung eines andern Princips von noch übergeordnetem Rechte (Princip der bezugsweisen Differenzirung, VI.) auftritt, was freilich, wie das Meiste in dieser Schrift und in der Descendenzlehre überhaupt, nur hypothetisch ist, aber manchen haarsträubenden Unwahrscheinlichkeiten, die nach den bisherigen Hypothesen der Descendenzlehre noch übrig bleiben, abzuhelfen wohl geeignet scheint.

Endlich kann ich den Widerspruch, den die meisten und entschiedensten Vertreter von Darwin's Lehre gegen die Betheiligung einer bewussten schöpferischen Thätigkeit an der Entstehung und Entwickelung der Organismen erheben, wesentlich nur in einem innern Widerspruche der eigenen Ansichten dieser Gegner und einem, unter exacten Naturforschern nur zu hergebrachten, Fehlschlusse begründet finden, worüber einige Bemerkungen im letzten Abschnitte.

Der Zustand meiner Augen hat mir nicht gestattet, der so weitschichtigen Literatur über die Darwinsche Lehre in ihrer ganzen Ausdehnung und in alle Specialitäten hinein zu folgen, was mich abgehalten haben würde, diese Ideen zu veröffentlichen, wenn es sich nicht darin vielmehr um ganz allgemeine Gesichtspunkte als blosse Specialitäten der Lehre handelte, und nicht hier Wege der Betrachtung eingeschlagen wären, welche überhaupt aus den bisher betretenen heraustreten oder herausführen. Dies hindert nicht, dass mir dies und das entgangen sein kann, worauf mit Bezug zu nehmen vielleicht Anlass war; auch hat der Umstand, dass diese Schrift nur nach einer allgemeinen Erinnerung an den Inhalt der zu meiner Kenntniss gekommenen Schriften und Abhandlungen über die Darwinsche Lehre, ohne die Möglichkeit speciellen Rückganges darauf, niedergeschrieben werden konnte, verschuldet, dass man speciale Hinweise auf die einzelnen Autoren hier vermissen wird. Wegen beider Mängel wünsche ich Nachsicht bei Beurtheilung dieser Schrift zu finden; sie würden doch nur dann schwer wiegen, wenn der eigenthümliche Inhalt dieser Schrift nichts wöge. Diesem aber wünsche ich eine unbefangene Prüfung.

Nachträglich zur genaueren Erläuterung einer, im ersten Abschnitte mehrmals gebrauchten Ausdrucksweise folgende Bemerkung: Wenn ein Punkt b sich in Bezug auf einen Punkt a bewegt, so nenne ich Kürze halber das Vorzeichen seiner Lage dagegen so lange unverändert, als die Bewegung seines Radius vector bezüglich dazu 180^0 nach keiner Seite überschreitet, hiegegen umgekehrt nach Maassgabe, als es der Fall ist.

Inhalt.

I.

Unterscheidung des organischen vom unorganischen Molecularzustande und Verhältnisse zwischen beiden.

Versuchen wir, uns eine Vorstellung von der organischen Grundconstitution in ihrem Unterschiede von der unorganischen zu machen, so wüsste ich nicht, welche angemessenere, ja überhaupt welche andere man sich machen könnte, als folgende, wozu ich die Gründe im folgenden Abschnitte gebe.

Verstehen wir unter Moleculen überhaupt sehr kleine Massen, deren Theilchen durch gegenseitig geäusserte Kräfte in innigerem Verbande unter einander, als mit denen der Nachbarmassen stehen, so beruht der Zustand der unorganischen Molecule kurz gesagt darin, dass die Theilchen, woraus sie bestehen, durch ihre gegenseitige Wirkung unter Mitwirkung der Beharrung die Ordnung, in der sie gereiht sind, nicht ändern, d. h. das Vorzeichen der Lage mit den Nachbartheilchen nicht wechseln können, was nicht ausschliesst, dass sie sich in Schwingungszuständen gegen einander befinden, welche diese Ordnung ungeändert lassen, wozu die Schwingungen nur klein genug gegen den Abstand sein müssen, in dem sich die Theilchen am mittleren Orte ihrer Bewegung befinden. Man kann hinzufügen, dass sie ohne Aenderung der imponderabeln Verhältnisse auch diesen mittleren Ort nicht durch eigene Wechselwirkung ändern können.

Auf Schwingungen der Theilchen gegen einander in den Moleculen Rücksicht zu nehmen, wird man jedenfalls dadurch veranlasst, dass wahrscheinlich die grössere oder geringere Temperatur der Molecule auf mehr oder weniger weiten Schwingungen nicht nur der Aethertheilchen, sondern auch wägbaren Theilchen in den Moleculen beruht. Indem nun die Grenze der abnehmenden Schwingungsweite eine feste Gleichgewichtslage der Theilchen bezüglich einander sein würde, kann man sagen, dass die Theilchen in unorganischen Moleculen Schwingungen um feste Gleichgewichtslagen machen, was nicht ausschliesst, dass der damit nicht zu verwechselnde mittlere Ort der schwingenden Theilchen sich mit geänderter Schwingungsweite ändert, wie man in der That annehmen muss, wenn die Ausdehnungsphänomene, die man an Systemen von unorganischen Moleculen mit wachsender Temperatur wahrnimmt, sich nicht blos auf Veränderung des mittleren Ortes ihrer M o l e c u l e, sondern auch der Theilchen der Molecule beziehen sollten.

Hingegen beruht der Zustand der organischen Molecule, so lange Lebensfähigkeit derselben besteht, kurz gesagt, darin, dass die Theilchen, aus denen sie bestehen, die Ordnung, in der sie sich in irgend welchem Zeitpunkt gereiht befinden, durch gegenseitige Wirkung unter Mitwirkung der Beharrung immer von Neuem wechseln, d. i. das Vorzeichen ihrer relativen Lage gegen einander immer von Neuem umkehren, wie es durch Kreislaufs- und andere verwickelte Bewegungen der Theilchen bezüglich einander geschehen kann *).

---

*) Ein Molecul, was in einfacher Rotationsbewegung mit gleicher Winkelgeschwindigkeit aller seiner Theilchen um eine durch seinen Schwerpunkt gehende Axe ohne Verschiebung der Theilchen gegen einander begriffen wäre, würde trotzdem, dass die Theilchen das Vorzeichen ihrer Lage immer von Neuem wechseln, doch nur dann dem Begriffe eines organischen Moleculs entsprechen, wenn dieser Bewegungszustand durch die i n n e r e n Kräfte des Moleculs unterhalten würde. Insofern aber die Rotation eines Moleculs aus fest gegen einander liegenden oder nur durch Wärmeschwingungen gegen einander bewegten Theilchen blos durch Beharrung gleichförmig fortgehen und nur durch äussere Kräfte in der Richtung abgeändert werden kann, fällt es noch unter den Begriff des Unorganischen.

Insofern die Wärme-Erscheinungen schwerlich von der Form, sondern von der lebendigen Kraft molecularer Bewegungen abhängen, mag eine verstärkte lebendige Kraft solcher Bewegungen eben so gut eine vermehrte Wärme der organischen Molecule repräsentiren, als eine vermehrte lebendige Kraft der Schwingungen, welche mit ihrer vergrösserten Amplitude zusammenhängt, die der unorganischen.

Um einen anschaulichen Anhalt für den Unterschied der unorganischen und organischen Molecule zu gewinnen, erläutern wir uns denselben an dem Unterschiede zweier körperlichen Systeme. Ein Salzkrystall, in dem ohne äusseren Druck oder Zug die Theilchen wenn nicht fest gegen einander liegen, doch nur durch Wärme Schwingungen um relativ gegen einander feste Lagen machen, giebt uns im Verhältnisse seiner Molecule ein Bild von dem Verhältnisse der Theilchen in den unorganischen Moleculen; nur dass wir in diesen eine geringere Anzahl von Theilchen in relativ (gegen ihre Dimensionen) grösseren Entfernungen von einander anzunehmen haben; hingegen unser Sonnensystem in dem Verhältnisse der Himmelskörper, welche darein eingehen, ein Bild von dem Verhalten der Theilchen in einem organischen Molecul. In der That treten die Bewegungen der Massen unseres Sonnensystems ganz unter den Begriff der Bewegungen, die wir den Theilchen der organischen Molecule beilegen, und beweisen zugleich die Möglichkeit solcher Bewegung, nur dass wir in den organischen Moleculen unter dem Einflusse der Molecularkräfte verwickeltere Bewegungen möglich halten können, als in unserem Sonnensystem vorkommen, sofern in jenen nicht wie in unserem Sonnensystem eine Masse alle andern so sehr überwiegt, dass sämmtliche Bewegungen blos auf wenig gestörte elliptische zurückkommen.

Sofern wir unter dem Einflusse der anziehenden Kraft der Gravitation die Erde sowie das Planetensystem so gebildet finden, dass die Zusammendrängung der Masse (auf die räumliche Ausdehnung des Ganzen vertheilt gedacht) nach dem Schwerpunkt des Systems hin zunimmt, dürfen wir von der, zwar nach unbekanntem Gesetze, aber jedenfalls analog wirkenden Molecularkraft, wodurch die Theilchen eines organischen Moleculs um ihren Schwerpunkt zusammengehalten werden, den entsprechenden Erfolg abhängig denken; und sollten einfache Zellen sich als einfache organische Molecule betrachten lassen, so könnte sich die stärkere Zusammendrängung der Theilchen, kurz stärkere Dichtigkeit, um die Mitte selbst optisch in der Erscheinung eines Kerns geltend machen und zu einer leichteren Festigung Anlass geben; indess die leichte Festigung des Umfanges zur porösen Zellenhaut aus einem andern Gesichtspunkte dadurch bedingt sein könnte, dass die seltenern Theilchen am Umfange des Moleculs sich wie die am Umfange unseres Planetensystems langsamer als die der Mitte näheren bewegen, wegen ihrer geringen Häufung aber Interstitien für die Communication zwischen dem Zellinhalt übrig lassen. Doch gebe ich dies nur für Vermuthungen. Auch kann noch fraglich sein, ob einfach erscheinende Zellen wirklich als einfachste organische Molecule und nicht vielmehr schon als organische Verbände von solchen im alsbald anzugebenden Sinne zu betrachten; in welchem Falle aber ähnliche Verhältnisse für Mitte und Umfang der Zelle durch den organischen Verband der darin enthaltenen organischen Molecule bedingt sein könnte, als sie zwischen den Theilchen der Molecule statuirt worden *).

Kommen wir von den Verhältnissen der Theilchen der Molecule zu einander auf die Verhältnisse der ganzen Molecule zu einander zu sprechen, so ergeben sich auch ohne directe Beobachtung aus den aufgestellten Begriffen der beiderlei Molecule einerseits und Thatsachen andererseits nachstehende Folgerungen, auf die es nützlich sein wird, vorweg die Aufmerksamkeit zu richten.

---

*) Um eine Analogie dafür beizubringen, so findet auch in Sternhaufen eben so eine grössere Zusammendrängung der Sterne nach der Mitte des Haufens zu statt, als unstreitig in jedem einzelnen Sterne die Dichtigkeit der Masse nach der Mitte zu wächst.

Wenn ein unorganisches Molecul mit einem andern in solche, für unsere Sinne als Berührung erscheinende, Nähe kommt, dass Molecularkräfte zwischen ihnen über die Wirkung der Schwere überwiegend werden, so kann der Erfolg ein dreifacher sein. Entweder das eine Molecul wird von dem andern nach einer durch äussere Kräfte bewirkten erzwungenen Näherung elastisch zurückgeworfen, wie eine Billardkugel beim Anprall an eine andere, indem dieser Erfolg bei ganzen Billardkugeln selbst nur von einem solchen Verhältnisse der in scheinbare Berührungsnähe kommenden Molecule abhängen kann; oder sie haften in solcher Weise an einander, dass zwischen den Moleculen dasselbe Verhältniss als zwischen den Theilchen jedes Moleculs nur mit dem Unterschiede eintritt, dass die zusammenhaltende Kraft zwischen den Moleculen schwächer als zwischen den Theilchen der Molecule ist, was wir kurz als unorganischen Verband unorganischer Molecule bezeichnen, worauf nicht nur die Adhäsionserscheinungen zwischen unorganischen Körpern, sondern auch der Zusammenhalt unorganischer Molecule in solchen, so lange die Molecule noch als besondere unterscheidbar bleiben, beruht. Oder drittens, die in Berührungsnähe kommenden Molecule vermischen sich in solcher Weise, dass einseitig oder gegenseitig Theilchen aus dem einen in das andere übergehen, und die Bedingung, die für die Theilchen unterscheidbarer Molecule besteht, nur um relativ gegen einander feste Gleichgewichtslagen ohne Aenderung der Ordnung im angegebenen Sinne schwingen zu können, verlassen wird, sie vielmehr im Hinausgehen über einander das Vorzeichen ihrer Lagen gegen einander, aber nur in einem Sinne wechseln, worauf die Erscheinungen der Auflösung fester Körper, die Diffusions- und chemischen Verbindungs- und Zersetzungsphänomene beruhen, die zwischen ungleich concentrirten Auflösungen oder chemisch differenten Massen eintreten, wobei sich der Erfolg von den unmittelbar in Berührungsnähe gebrachten Moleculen zu den übrigen fortpflanzt, ohne dass der Zeichenwechsel der Lage, der dadurch zwischen den Theilchen je zweier Nachbarmolecule eintritt, sich durch eine rückläufige Bewegung von Theilchen zwischen denselben Moleculen wieder umkehren kann. Alle Lösungen, Diffusionen, chemischen Verbindungen zwischen unorganischen Massen aber gehen nur dahin, durch die Lagen- und Ordnungsverschiebungen, die sie momentan einleiten, den Concentrations- oder chemischen Unterschied zwischen den Massen durch Herstellung einer gleichförmigen Austheilung von gleichbeschaffenen zusammengesetzten Moleculen in einem neuen unorganischen Verbande auszugleichen, ohne zu Bewegungen der Art, wie wir sie in organischen Moleculen als vorhanden und in organischen Systemen davon abhängig denken, ausschlagen zu können *).

In tropfbar flüssigen unorganischen Massen ist der Verband der Art, dass die Verschiebung der Molecule gegen einander durch äussere Kräfte nach allen Seiten gleich leicht, in festen Körpern hingegen nach verschiedenen Richtungen verschieden leicht und der Widerstand gegen die Verschiebung überhaupt grösser ist. In gasförmigen Körpern findet überhaupt kein Verband der Molecule mehr statt.

Wenn organische Molecule mit organischen in scheinbare Berührungsnähe kommen, so dass Molecularkräfte zwischen ihren beiderseitigen Theilchen wirksam werden, so kann eben so wie bei unorganischen Moleculen ein dreifacher Fall gedacht werden.

Einmal der, uns jedoch hier nicht interessirende, Fall, dass sie nach gewaltsamer Annäherung elastisch von einander zurückprallen, womit kein Verband überhaupt zu Stande kommen kann, zweitens dass sie nach dem Princip unorganischen Zusammenhanges an einander haften, so nämlich, dass sie (auf ihre Schwerpunkte reducirt gedacht) nur gegen einander Schwingungen um relativ feste Gleichgewichts-

*) Dies hindert nicht, dass unter dem äusseren Einflusse kosmischer Fernkräfte sehr unregelmässige Bewegungen der Theilchen von Meer und Luft fortgehen, die aber bald zur Ruhe kommen würden, wenn diese Fernkräfte zu wirken aufhörten.

lagen machen, indess sie in sich Bewegungen von angegebenem Charakter, kurz organische Bewegungen vollziehen, was, wenn derartige Systeme überhaupt existiren, im Ganzen Erscheinungen, wie wir solche an Systemen aus unorganischen Moleculen beobachten, also den Mangel an Lebenserscheinungen und Entwickelungsfähigkeit erwarten lässt. Endlich drittens, dass sich die Theilchen und Bewegungen der zusammengebrachten Molecule in der Art mischen, dass Theilchen aus dem einen in das andere unter Zeichenwechsel der Lage und Richtung übergehend und wieder rückgehend eine Verbindung zwischen beiden bewirken, die mehr oder weniger innig sein kann, indem sie zwischen den beiden Grenzen schwankt, dass blos die am äussersten Umfange der Molecule kreisenden Theilchen ihre Bewegung in eine zwischen beiden oder um beide gemeinsam kreisende verwandeln, indess die übrigen noch Kreisläufe und sonst Bewegungen, die jedem Molecul für sich verbleiben, vollziehen, und dass die Gesammtheit der Theilchen beider Molecule wechselnd nach beiden Seiten über einander hinausgeführt wird, womit eine vollständige Verschmelzung beider zu einem neuen Molecul zu Stande gekommen ist. Zwischen diesen beiden Grenzen kann es alle möglichen Zwischengrade der Verschmelzung und hiermit des organischen Verbandes geben. Jedenfalls aber muss bei wachsender Annäherung das Wachsthum der Verschmelzung von den äusseren nach den inneren Theilchen fortschreiten, weil natürlich die am Umfange jedes Moleculs sich bewegenden Theilchen eher und leichter der Anziehung des andern Moleculs folgen können, als die um die Mitte sich bewegenden. Denkt man sich die Theilchen in einem Momente ihrer Bewegung festgehalten und das System beider Molecule hiermit erstarrt, so nimmt die partielle Verschmelzung beider die Gestalt zweier gesonderten dichteren Kerne innerhalb eines sie gemeinsam umschliessenden und eine Zwischenverbindung zwischen ihnen vermittelnden losern Parenchyms an, das sich bei wachsender Verschmelzung der Molecule auf Kosten der Kerne immer mehr verdickt. In Wirklichkeit aber muss man sich sowohl die Kerne als das Parenchym aus bewegten Theilchen bestehend denken, so lange überhaupt der organische Zustand voll besteht. So wie nun zwei Molecule für sich gesonderte Kerne im angegebenen Sinne haben können, indess sie vom Umfange herein verschmolzen sind, kann dies auch bei ganzen Reihen von Moleculen stattfinden, und durch das nur nicht erstarrt sondern lebendig gedachte Parenchym eine Continuität organischer Bewegung zwischen ihnen längs der ganzen Reihe vermittelt werden.

Weiter aber, wie wir uns stufenweise vor sich gehende Verschmelzungen organischer Molecule denken können, so, nur in umgekehrter Richtung, stufenweise Theilungen derselben, so dass der Theilungsprocess eben so beim Kerne beginnt, wie er beim Verschmelzungsprocesse damit schliesst. Ganze Reihen partiell verschmolzener Molecule aber lassen sich selbst erst dadurch entstanden denken, dass die ohne Aufgeben einer organischen Verbindung getheilten, nachdem sie sich durch Ernährung vergrössert haben, sich abermals theilen u. s. f. Und unstreitig lässt sich alle Entwickelung der Organismen fundamental auf eine solche fortgehende Theilung der organischen Molecule zurückführen. Nur kann bemerktermassen fraglich sein, ob selbst die einfachsten Zellen mit Zellenkern als einfache Molecule und nicht vielmehr schon als Verbände, in welchen die Molecule nach der Mitte zu dichter als nach dem Umfange zu gelagert sind, anzusehen. Auch lässt sich, wenn schon nicht beweisen, doch sehr wohl verstehen, wie ein solcher Verband, in dem alle Molecule durch ein gemeinsames, nach dem Innern des Verbandes an Dichte wachsendes Parenchym verbunden sind, bei fortschreitender Ernährung eben so gut Anlass haben kann, sich im Ganzen, vom dichteren Kern anfangend, zu theilen, als dies von den einfachen Moleculen selbst gilt.

Nun aber können auch unorganische Molecule mit organischen, und ganze unorganische Verbände mit organischen

Verbänden in Verband treten, und zwar auf doppelte Weise, entweder so, dass sie nach dem Princip des unorganischen Verbandes blos an einander fest adhäriren, wiĕ die Auster und Schnecke an der fertigen Schale, d. h. dass die beiderseitigen Molecule wohl Wärmeschwingungen gegen einander machen können, ohne dass aber Theilchen zwischen beiden übergehen und das Vorzeichen ihrer Lage gegen einander tauschen, oder so, dass letzteres eintritt, was wir kurz Stoffverkehr zwischen beiden nennen. Dadurch können entweder einseitig Bestandtheile der unorganischen Molecule, wenn nicht ganze unorganische Molecule in die organischen aufgenommen werden und in die verwickelten inneren Bewegungen derselben mit eingehen, indem zugleich die organischen Molecule sich dadurch nähren und unter Voraussetzung, dass sie nichts wieder abgeben, wachsen; oder es können umgekehrt Bestandtheile der organischen Molecule sich ausscheiden und mit den unorganischen Moleculen nach dem Princip des unorganischen Verbandes verbinden, oder selbst ganze organische Molecule sich in unorganische umsetzen und mit den benachbarten unorganischen unorganisch verbinden, womit vielmehr die unorganischen Massen, so fern sie nichts gegentheils abgeben, wachsen. Solchergestalt wachsen nicht nur die Knochen und Schalen der Thiere, sondern in solcher Weise kommen auch Secretionen von Flüssigkeiten in den Organismen zu Stande. Oder endlich drittens, organische Molecule nehmen Bestandtheile von unorganischen auf, ziehen sie in ihren Process hinein und geben andererseits Bestandtheile an die festen oder flüssigen unorganischen Massen ab, mit denen sie in Berührung sind, und es kann sein, dass, wenn ein organischer Verband an verschiedenen Seiten mit verschiedenen unorganischen Massen in Beziehung steht, er von einer Seite Bestandtheile aufnimmt, die er von der anderen wieder ausscheidet.

Bei all' dem besteht zwischen organischen und unorganischen Zuständen nach Erfahrung und Begriff keine feste Grenze, und der Unterschied muss nur als relativer gemacht werden; sofern nach Massgabe, als die Zustände sich der einen oder andern Bestimmungsweise des Begriffes nähern, auch die damit in Beziehung stehenden Folgerungen sich dem einen oder andern Falle nähern. Zellen, Häute, Zellenkerne und Knochentheile, die dem inneren Stoffwechsel noch nicht ganz entzogen sind, mögen sich als Verbindungen von Theilchen betrachten lassen, welche die Ordnung, in der sie gegen einander gereiht sind, nur sehr langsam wechseln und insofern annähernd unter den Begriff unorganischer Theile treten, ohne ihm doch vollständig zu entsprechen, was man im Auge behalten mag, wenn wir dergleichen Theile Kürze halber schlechthin als unorganische Theile von Organismen, und solche insofern als Mischsysteme organischer und unorganischer Theile bezeichnen; indess fraglich ist, ob in Organismen überhaupt vollkommen unorganische Theile in unserm Sinne bestehen. Hiernach besteht auch zwischen den beiden Arten des Verbandes, welchen organische Molecule mit unorganischen Moleculen eingehen können, keine feste Grenze.

Jedenfalls alle höheren Organismen, und fraglich, ob nicht selbst die niedersten, sind als Mischsysteme zwischen organischen und unorganischen Theilen wenn nicht unter strenger, so doch approximativer Anwendung des letzteren Begriffes zu betrachten. Wie sich nun aber auch beide in einem solchen Mischsysteme combiniren mögen, so besteht wahrscheinlich für einen Zusammenhang der Lebenserscheinungen in jedem pflanzlichen, thierischen und pflanzenthierischen Organismus die Bedingung, dass der organische Verband organischer Molecule ein continuirlicher sei. Soll diese Continuität nicht durch eingeschobene feste Knochentheile aufgehoben werden, so darf derselbe nur nach gewissen Richtungen dadurch unterbrochen werden, indess er noch nach andern Richtungen fortbesteht; und sollen Zellen nicht aus dem organischen Verbande herausfallen, so müssen ihre Wände noch durchgängig genug für den Stoffverkehr sein.

Unstreitig lassen sich auch Systeme denken, in welchen unorganische Molecule, deren Theilchen also nur um relativ feste Gleichgewichtslagen gegen einander schwingen, sich in Bewegungen zu einander befinden, wie wir sie in den Theilchen der organischen Molecule suchen, kurz in organischen Bewegungen; und es ist möglich, dass wirklich in den Ernährungsvorgängen der Organismen ganze unorganische Molecule, ohne das unorganische Verhältniss ihrer Theilchen zu einander aufzugeben, in den verwickelten Bewegungsprocess der organischen Molecule mit hineingezogen werden, was in den, von den organischen Bewegungen in den Moleculen abhängigen Lebenserscheinungen der ganzen Organismen keinen wesentlichen Unterschied begründen kann. Hingegen vermag man, so weit sichere Erfahrungen reichen, durch blosse Wechselwirkung von unorganischen Moleculen oder unorganischen Verbänden, wie man auch Lösungen, Diffusionen, chemische Wirkungen variiren und combiniren möge, zu keinen Zuständen zu gelangen, welche von dem Charakter der Lebenserscheinungen begleitet wären; und es wird weiterhin zu zeigen sein, dass wir auch nicht nöthig haben, die Entstehung organischer Zustände aus Zuständen, welche dem Begriffe des Unorganischen entsprechen, anzunehmen. (Abschn. V.)

In Wirklichkeit wirken in jedem organischen wie unorganischen Molecul oder System wie Mischsystem innere und äussere Kräfte mit der Beharrung dahin zusammen, den jeweiligen Ruhe- oder Bewegungszustand der Theilchen zu bedingen; doch können wir das, was als Erfolg der äusseren und was als Erfolg der inneren Ursachen, d. i. Kräfte in Zusammensetzung mit der nie fehlenden Beharrung anzusehen ist, durch Abstraction bis zu gewissen Grenzen trennen und jedenfalls innere Aenderungen nicht blos als Erfolg äusserer Ursachen oder Kräfte ansehen, die bei gleichbleibenden äusseren Umständen vor sich gehen oder ganz ausser Proportion mit deren Aenderungen stehen, oder, statt sich vom Aeussern nach dem Innern fortzupflanzen, wie dies bei äusseren Einwirkungen, die nicht durch merkliche Fernkräfte geschehen, der Fall sein muss, eine ganze Masse von merklicher Grösse, Inneres und Aeusseres, auf einmal in Zusammenhang ergreifen, oder sich gar vom Innern auf das Aeussere fortpflanzen: was nicht ausschliesst, dass diese Zustände sich doch auch durch Aenderung der äusseren Umstände mit ändern, durch äussere Anregungen ausgelöst sein können und bei andern äusseren Umständen anders ausgefallen sein würden.

Bezeichnen wir nun in Kürze die Abhängigkeit von inneren Kräften als Spontaneität, die Abhängigkeit von äusseren als Receptivität, eine Begriffsbestimmung, die, obwohl sie für uns hier wesentlich nur den Zweck abkürzender Bezeichnung factischer Verhältnisse hat, doch auch ganz wohl in die hergebrachte Auffassung dieser Begriffe hineintritt, nur dass sie sich hier auf das materielle Gebiet bezogen finden, indess man gewöhnlich vorzugsweise oder doch mit das geistige Gebiet dabei vor Augen hat. Es ist aber mit Vorigem nichts weniger als ausgeschlossen, dass an der physischen Spontaneität eine psychische hängt, welche, wenn sie die psychophysische Schwelle übersteigt, was nicht überall nothwendig ist, als Triebkraft zur Aenderung eines Zustandes gespürt wird, und mit der physischen der gleichen Gesetzlichkeit unterliegt, worauf aber einzugehen nur für die Psychophysik ein Interesse haben kann.

Insoweit wir uns auf der physischen Seite halten, werden wir nach Vorigem sagen können, dass unorganische Molecule nur den Ort, organische auch die Ordnung ihrer Theilchen spontan ändern können.

II.

Gründe für die vorige Auffassung.

Die Gründe für vorige Auffassung des unorganischen und organischen Zustandes liegen in Folgendem:

Den Zustand der unorganischen Körper anders aufzufassen, liegt jedenfalls in den Thatsachen kein Grund vor; vielmehr treten die Thatsachen der Krystallisation und Elasticität ganz in die vorige Vorstellung hinein, und es ist um so weniger nöthig, ausführlich darüber zu sein, als man den unorganischen Zustand von jeher nicht anders aufgefasst hat, ohne sich aber dabei je zum klaren Bewusstsein gebracht zu haben, dass der organische sich unmöglich eben so auffassen lässt.

Durch die Wirkung äusserer Druck- und Zugkräfte kann allerdings die Ordnung der Molecule in unorganischen Körpern sehr gegen einander verschoben werden, und es ist denkbar, dass nur in minderm Grade auch die Ordnung der Theilchen der Molecule selbst dadurch verschoben werden kann; nur widerspricht dies nicht der Charakteristik des unorganischen Zustandes, da von ihm blos die Unmöglichkeit einer solchen Verschiebung durch innere Kräfte der Molecule ausgesagt ist. Auch kehren beim Nachlass solcher Kräfte die Theilchen alsbald durch Schwingungen von abnehmender Amplitude entweder in die alte Ordnung gegen einander zurück, oder nehmen eine neue an, in der sie ohne Zutritt neuer äusserer Kräfte verharren; ersteres, wenn die Elasticitätsgrenze durch Zug oder Druck nicht überschritten war, letzteres, wenn es der Fall war.

Auf die Auflösungs-, Diffusions- und chemischen Vorgänge zwischen unorganischen Massen, welche zu Ordnungsverschiebungen nach bestimmter Richtung Anlass geben können, komme ich nach dem, was oben darüber gesagt ist, nicht zurück.

Was den organischen Zustand anlangt, so erscheint es aus mechanischem Gesichtspunkte überhaupt leichter, sich die Entstehung von Bewegungen mit Aenderung der Ordnung der Theilchen, als von Schwingungen um relativ feste Gleichgewichtslagen mit Einhaltung einer festen Ordnung vorzustellen; ja unter dem blossen Einflusse von Kräften, welche sei es das Gravitationsgesetz oder irgend ein andres Anziehungs- oder Abstossungsgesetz befolgen, ohne das Vorzeichen der Richtung mit der Entfernung der Theilchen zu wechseln, würde an die Möglichkeit von Bewegungszuständen letzter Art, so weit ich es übersehe, nicht zu denken sein. Wenn nun aber doch die Erscheinungen dafür sprechen, dass dergleichen Platz finden können, mithin irgendwelche Kräfte dazu vorhanden sein müssen, so beweisen sie von der andern Seite, dass nicht alle materiellen Kräfte der Art sind, indem sonst die continuirlichen Bewegungen der Planeten nicht zu Stande kommen könnten. Muss aber einmal zugestanden werden, dass es sowohl Kräfte giebt, welche das eine, als welche das andere gestatten, so kann es auch unter den Molecular-Kräften solche geben, welche sowohl das eine als das andere gestatten *); und dass dem wirklich so sei, wird direct dadurch bewiesen, dass sich die charakteristischen Erscheinungen, wodurch sich die organischen von unorganischen Systemen unterscheiden, dadurch und in keiner andern Weise erklären lassen.

Wenn das einfachste organische Wesen, was wir kennen, ein structurloses mikroskopisches oder höchstens stecknadelkopfgrosses protoplasmatisches Schleimkügelchen, ein sog. Moner, oder ein ähnlich constituirtes weisses Blutkügelchen oder eine als einfache nackte Zelle mit Zellenkern sich darstellende Amöbe alle mannichfachen Gestaltänderungen, welche eine Kautschoukmasse unter Verschiebung der Ordnung der Theilchen durch äusseren Druck, Zug anzunehmen vermag, spontan annehmen kann, so liegt in den Verhältnissen des unorganischen Zustandes kein Erklärungsgrund dafür; hingegen lässt sich das Zustandekommen solcher spontanen Gestaltänderungen unter unsern Voraussetzungen über den organischen Zustand sehr wohl repräsentiren, sei es, dass wir diese Geschöpfchen als einfachste organische Molecule oder schon als organische Systeme solcher Molecule oder selbst als Mischsysteme im angegebenen Sinne ansehen.

---

*) Näheres hierüber s. im Zusatz am Schlusse dieses Abschnittes.

In der That unter erster Voraussetzung können die Theilchen des Moleculs im Laufe der ihre Ordnung ändernden Bewegung bald vielmehr innerhalb eines kugelförmigen, bald innerhalb eines langgestreckten cylinderförmigen Raumes versammelt bleiben, und dazwischen, so lange keine beschränkenden Bedingungen einer allseits freien Bewegung vorliegen, die verschiedensten Gestalten repräsentiren, wobei wir die Gestalt immer durch Flächen, welche durch die äussersten Theilchen gelegt werden, bestimmt denken. Damit ist nicht gesagt, dass alle diese mit dem organischen Zustand aus allgemeinem Gesichtspunkte verträglichen Gestaltänderungen bei jedem Moner auch wirklich eintreten werden, es vollzieht ja nicht wirklich alle möglichen, es vollzieht eben nur die, welche aus den eben bestehenden Bewegungen der Theilchen unter Mitwirkung veränderlicher äusserer Anregungen entstehen können; wobei nichts hindert, die materiellen Antriebe, insoweit sie wirklich spontan sind, von empfundenen spontanen Antrieben begleitet, ja diese als innere Erscheinung wesentlich daran geknüpft zu denken, insofern die psychophysische Schwelle dabei überstiegen wird *). Wir werden selbst nach einem später zu be-

---

*) Nach der Darlegung in meinen »Elementen der Psychophysik« bedarf jeder materielle Process, welcher seiner Natur oder Form nach geeignet ist, Empfindung oder überhaupt ein Bewusstseinsphänomen mitzuführen, doch eines gewissen Grades der Lebhaftigkeit oder Stärke (lebendigen Kraft), welchen ich die Schwelle nenne, damit das Phänomen wirklich ins Bewusstsein trete; so lange die Schwelle nicht überstiegen ist, bleibt das Phänomen »unbewusst« und könnte man es so ansehen, als ob der materielle Process allein vorhanden wäre, wenn nicht die Bewegungen unter der Schwelle phychophysisch eben so gebraucht würden, das in der Psychologie eine so grosse Rolle spielende Gebiet des Unbewussten, als die Bewegungen über der Schwelle das des Bewussten zu repräsentiren. Meine Ansichten in diesen Hinsichten weichen wesentlich von den Hartmannschen ab, was aber nicht nöthig ist, hier auszuführen, indem es hier nur galt, den in der Folge noch einigemal wiederkehrenden Begriff der Schwelle, so wie ich ihn verstehe, zu erläutern. Um ein kurzes Bild zu brauchen: wie Eisen erst, wenn es über einen gewissen Grad erhitzt ist, sichtbar glühend

sprechenden allgemeinen Princip zuzugeben haben, dass ohne veränderliche äussere Anregungen der Bewegungszustand der Theilchen und hiermit die Gestaltänderung des ganzen Moleculs einem mehr oder weniger stabilen Zustande der Periodicität zustreben und schliesslich in einem solchen endigen würde, ohne damit zuzugeben, dass dieser Zustand in Schwingungen der Theilchen um relativ feste Gleichgewichtslagen bestehen würde, welchen die Theilchen in unorganischen Moleculen spontan zustreben.

Nun fragt sich noch, ob selbst die einfachsten Organismen, die wir kennen, wirklich so gleichförmig constituirte Massen sind, als sie unter dem Mikroskope erscheinen; aber sehen wir sie, statt für einfache organische Molecule, für Systeme von solchen in organischem Verbande derselben an, so ändert sich die vorige Auffassung nicht wesentlich. Denn nach der Vorstellung, die wir uns von einem organischen Verbande organischer Molecule machten, muss ein solcher alle Gestaltänderungen, die ein elastisches Gewebe mit eingeschlossenen festen Kugeln durch äussere Druck- und Zugkräfte receptiv annehmen kann, spontan annehmen können; indem die festen Kugeln hier durch die Kerne der Molecule vertreten werden, deren Theilchen nicht wechselseitig zwischen den Moleculen übergreifen.

Aber auch selbst als Mischsystem könnten wir das Moner betrachten, indem wir es etwa mit unorganischer Flüssigkeit durchtränkt, oder es mit einem unsichtbaren, nur aber als biegsam vorzustellenden, unorganischen Netze durchzogen dächten; dann würde der Spontaneität der organischen Bewegungen kein anderes Hinderniss dadurch erwachsen, als dass dadurch unorganische Massen von den organischen, an denen sie adhäriren, mit fortgezogen werden müssen.

Nicht minder werden Zellen mit Zellhaut ihre Gestalt noch in freiester Weise spontan ändern können, so lange

---

wird, bricht Bewusstsein erst hervor, wenn der Process, an den es sich zu knüpfen vermag, einen gewissen Grad der Stärke übersteigt.

nur die Festigkeit der Zellhaut nicht in Starrheit übergegangen ist. Ist dies der Fall, so hört freilich diese Möglichkeit der Gestaltänderung auf, was aber nicht ausschliesst, dass der Zellinhalt sich fortgehens in organischer Bewegung befinde, und diese Bewegung sich selbst durch Interstizien der Zellhaut fortsetze, wie unstreitig in den Pflanzen geschieht.

Sind einmal spontane Gestaltänderungen so einfacher Wesen, als wir in Betracht zogen, vermöge der organischen Constitution derselben möglich, so sind natürlich unter dem Miteinflusse äusserer Widerstände auch spontane Locomotionen derselben möglich, ohne dass es der Zuziehung eines neuen Princips dazu bedarf.

Nach denselben Principien lassen sich die spontanen Gestaltänderungen und Locomotionen der zusammengesetztesten Organismen erklären; nur dass hier wegen Einschiebung grösserer starrer Massen oder Anheftung der organischen Theile an solche die Gestaltänderungen und davon abhängigen Weisen der Locomotion Beschränkungen erleiden und in bestimmte Formen gebannt sein können, wie es bei jenen einfachsten Wesen nicht eben so der Fall ist.

Man hat gefunden, dass Räderthierchen und andere kleine Organismen durch Eintrocknen in einen scheinbar todten unorganischen Zustand gebracht, durch Befeuchtung aber wieder zum Leben erweckt werden können, wofern nur die Temperatur beim Eintrocknen nicht bis zur Gerinnung des Eiweisses erhöht war. Es würde unstreitig schwer sein, sich vorzustellen, mag auch die Möglichkeit davon nicht im Allgemeinen geleugnet werden, wie durch Zufügung von unorganischem Wasser zu einem unorganischen Verbande unorganischer Molecule neue Lebensbewegungen sollten erwachen können, nicht minder worin sich der bleibend todte Zustand der trocknen Thierchen nach der Gerinnung des Eiweisses von dem, der noch eine Wiedererweckung gestattet, unterscheidet. Beides im Zusammenhange aber repräsentirt sich, wenn wir in den der Wiederbelebung fähigen trocknen Thierchen die organischen Bewegungen noch in den organischen Moleculen fortgehend, aber zwischen denselben aufgehoben halten, so dass das ganze Thierchen in starrem Zustande erscheint; sei es, dass ein das Thierchen durchsetzendes Gerüst oder eine dasselbe umgebende Haut erstarrt, oder die organischen Molecule selbst in festen unorganischen Verband treten, indess in den der Wiederbelebung nicht mehr fähigen Thierchen auch die organischen Bewegungen in den Moleculen selbst aufgehoben sind oder vielmehr sich in blosse Wärmeschwingungen verwandelt haben. Jedenfalls, wenn vor dem Austrocknen der Thierchen organische Bewegungen in den Moleculen bestanden, liegt eben so wenig ein klarer Grund vor, wesshalb sie durch Entziehung des dazwischen interponirten unorganischen Wassers sollten ihre Form in die von Wärmeschwingungen ändern müssen, als ein Grund, welcher erklärte, dass, wenn die Wandlung doch erfolgt ist, durch blosse Zufügung von Wasser sich die unorganische Bewegung in organische rückverwandeln könne; daher mir in der That am wahrscheinlichsten scheint, dass, so lange die Wiederbelebung durch Zufügung von Wasser noch möglich ist, die organischen Bewegungen in den organischen Moleculen der trocknen Thierchen noch fortbestehen.

Unter gleichem Gesichtspunkt als die getrockneten Räderthierchen werden sich die Jahrtausende lang in trocknem Zustande verbliebenen Getreidekörner aus den Pyramiden betrachten lassen, welche nur der Befeuchtung bedürfen, um zu keimen; und der Unterschied derselben von andern nicht mehr keimfähigen Samen sich ebenfalls darin suchen lassen, dass in jenen, aber nicht in diesen die organischen Bewegungen innerhalb der organischen Molecule noch fortbestehen. Nun kann man es vielleicht für den ersten Anblick schwer denkbar finden, dass solche Bewegungen so lange Zeit fortbestehen sollten; aber warum schwerer in dieser Form als in der Form von Wärmeschwingungen, welche in Körpern, die nicht absolut kalt sind, nie aufhören.

Endlich wird man hieher auch den Fall ziehen können, dass gefrorene Infusorien und selbst Frösche nach vorsichtigem Wiederaufthauen zu neuem Leben erwachen können, wie wenigstens neuerdings wieder entschieden behauptet wird, indess bei den meisten Organismen das Erfrieren dauernden Tod bedingt. So wenig nämlich durch Entfernen des zwischen den organischen Moleculen interponirten Wassers die organischen Bewegungen innerhalb dieser Molecule nothwendig die Form in die der unorganischen Wärmeschwingungen ändern, braucht dies durch eine Temperaturerniedrigung zu geschehen, bei der das interponirte Wasser gefriert und dadurch das Ganze des Organismus zum Erstarren bringt; es könnte sich vielmehr damit blos die Amplitude der organischen wie unorganischen Bewegungen mindern, und nach Wiederaufthauen das alte Lebensspiel beginnen. Indess ist der Uebergang organischer in unorganische Zustände überhaupt so leicht, dass unter den meisten Bedingungen, unter welchen das Gefrieren erfolgt, auch dieser Uebergang erfolgen kann, wonach dann kein Wiedererwachen möglich ist.

Natürlich sind das nur hypothetische Vorstellungsweisen, an deren Möglichkeit es mir aber doch nützlich scheint zu erinnern, weil man geneigt ist, den Phänomenen der Wiederbelebung ausgetrockneter und gefrorener Organismen eine fundamentale Wichtigkeit bei Aufsuchung des Grundes der Lebenserscheinungen beizulegen, die sie in der That haben würden, wenn die molecularen Zustände, um die sich's dabei handelt, vielmehr Sache der Beobachtung als der Hypothese wären.

Die Bewegungen von Flüssigkeiten in den Organismen können allerdings zum Theil recht wohl nach dem Principe der Diffusion (Endosmose, Exosmose) und Anziehungsbewegung zwischen den Theilchen chemisch differenter Flüssigkeiten, wie solche auch zwischen unorganischen Massen statt finden, erklärt werden; kämen aber solche Bewegungen blos nach diesem Principe zu Stande, so müsste auch als Enderfolg danach eine Ausgleichung in dem S. 6 angegebenen Sinne erwartet werden, welche nicht eintritt, so lange das Leben fortbesteht; wogegen es sehr wohl denkbar ist, dass in Systemen, worin die Theilchen ihre gegenseitige Lage nicht blos in einem Sinne tauschen können, eine solche Ausgleichung nicht zu Stande kommt. Ausserdem hängen die Bewegungen von Flüssigkeiten in organischen Canälen im Allgemeinen von rhythmischen Muskelcontractionen ab, welche von spontaner organischer Nerventhätigkeit ausgelöst werden.

Dass manche chemische Producte organischer Thätigkeit auch ausser den Organismen in Laboratorien erzeugt werden können, ist zuzugestehen; und man kann nicht voraussagen, was in dieser Beziehung überhaupt noch wird möglich werden können; jedenfalls muss man das Spiel der chemischen Verwandtschaften durch den Lebensprocess als abgeändert ansehen; und es lässt sich wenigstens im Allgemeinen als möglich denken, dass der eigenthümliche Bewegungsprocess in den organischen Moleculen hierauf Einfluss hat; und dies wird dadurch bestätigt, dass, sowie die Lebenserscheinungen, die wir Anlass haben von der organischen Bewegung in unserm Sinne abhängig zu machen, aufhören, alsbald eine durch die eintretende Fäulniss sich kundgebende Zersetzung erfolgt.

Das Alles zusammennehmend, kann ich die aufgestellte Ansicht von der organischen Grundconstitution kaum blos für eine Hypothese gelten lassen, halte sie vielmehr durch die Unmöglichkeit, die Lebenserscheinungen der Organismen anders als auf ihrem Grunde zu erklären, wesentlich gefodert. Dazu kommt noch, dass sie uns einen Angriffspunkt bieten wird, die erste Entstehung der Organismen in einer Urzeit der Erde denkbar erscheinen zu lassen, ohne unsere Zuflucht zur generatio aequivoca nehmen zu müssen.

Man hat zwar wohl gemeint, in einer besonders verwickelten chemischen Zusammensetzung und einem dadurch bedingten festweichen Aggregatzustande den Grund der eigenthümlichen Lebensphänomene in den Organismen zu finden; und in der That kann die Verschiedenheit der organischen Constitution von der unorganischen durch eine complexe chemische Zusammensetzung begünstigt sein, ist aber doch nicht nothwendig dadurch gegeben; denn ein Ei kann durch Kochen ohne Veränderung seiner complexen chemischen Constitution aus dem organischen in unorganischen Zustand übergehen, sofern wir diesen durch den Mangel der Lebenserscheinungen oder Entwickelungsfähigkeit, welche der organische Zustand darbietet, charakterisirt halten. Indessen bleibt dabei zweifelhaft und lässt sich durch Erfahrung nicht entscheiden, ob hiebei blos der organische Verband oder auch die innere organische Constitution der Molecule zerstört wird, indem schon früher (S. 9) darauf hingewiesen ist, dass auch ein unorganischer Verband organischer Molecule denkbar ist. Und so bleibt allerdings auch denkbar, eben so, dass eine gewisse chemische Constitution wesentlich für den organischen Zustand der Molecule ist, als dass mit einer solchen dieser Zustand wesentlich gegeben ist. Sollte aber dem so sein, was ich ganz dahinstelle, so könnte es doch nur in sofern sein, als nur mit einer solchen und keiner andern chemischen Constitution der Molecule Bewegungen ihrer Theilchen von der geschilderten Art verträglich sein würden, und dasselbe gilt von dem festweichen Zustande organischer Massen. Wirklich giebt es festweiche unorganische Zustände genug, in denen von keiner Lebenserscheinung die Rede ist. Das Fundamentale bleibt also der Bewegungszustand, nicht die chemische Constitution oder der Aggregatzustand.

Unorganische Molecule können sich selbst bei gleicher chemischer Zusammensetzung noch durch Abweichungen in der Anordnung und Distanz der Theilchen unterscheiden und hiernach durch unorganischen Verband Massen von sehr verschiedenen chemischen und physikalischen Eigenschaften bilden. Nun ist es im Grunde nur ein Umstand mehr, wodurch sich Molecule unterscheiden können, wenn sich solche auch durch den Bewegungszustand der Theilchen unterscheiden können. Aber nicht nur organische von unorganischen Moleculen, auch organische unter einander werden sich dadurch unterscheiden können, indem gegenüber den verhältnissmässig einfachen, wenig Variation gestattenden Schwingungszuständen der Theilchen in den unorganischen Moleculen, welche sich auf nur mehr oder weniger gestörte geradlinige und elliptische reduciren mögen, die mannichfachsten Arten verwickelter Bewegung in den organischen Moleculen denkbar sind; und es scheint sogar für den ersten Anblick, dass sich die Entwickelung verschiedenartiger Geschöpfe aus Keimen, die allem Anschein nach chemisch gleichgeartet und von gleichgearteter Eiweisssubstanz umgeben sind, unter denselben äusseren Temperaturbedingungen gar nicht anders als mit Rücksicht auf solche Verschiedenheiten erklären lässt; wogegen man zur Erklärung nur anzunehmen braucht, dass in jedem Ei, aus dem sich ein anderes Geschöpf zu entwickeln vermag, ein Molecul oder eine Verbindung von Moleculen mit charakteristisch verschiedenen inneren Bewegungszuständen den Kernkeim bildet; auch ist nicht unmöglich, dass etwas der Art statt findet. Für wahrscheinlicher jedoch halte ich, dass die schon oben berührte, alsbald weiter zu besprechende Tendenz zu stabilen Bewegungszuständen alle organischen Molecule von gleicher chemischer Zusammensetzung auf einen ähnlichen, nur durch äussere Einwirkungen störbaren, Zustand innerer Kreislaufsbewegungen zurückführt, und jene verschiedene Entwickelbarkeit scheinbar gleichgearteter Keime vielmehr auf einer verschiedenen Verbandweise der organischen Molecule, sofern solche nach entsprechenden Richtungen in verschiedenem Grade verschmolzen sein können, oder darauf beruht, dass die organischen Molecule mit unorganischen in verschiedener Weise combinirt sind; wobei die Unmöglichkeit, innere Unterschiede der Art, auch selbst mikroskopisch, wahrzunehmen, an der Kleinheit oder gleichförmigen Durchsichtigkeit der zu unterscheidenden Theile hängen kann. Nothwendig nämlich werden mit Verschiedenheiten der einen oder andern Art verschiedene Ernährungs- und Theilungsverhältnisse der Molecule zusammenhängen, aus denen eine verschiedene Entwickelung der Keime resultiren muss. In der That brauchen wir nur die Fortentwickelungsweise eines geborenen Geschöpfes von seiner Geburt an rückwärts bis zur ersten Keimanlage zu verfolgen, so kommen wir auf derartige Vorstellungen, die jedenfalls vor der bisher gehegten, dass die Keime ihre verschiedene Entwickelbarkeit einer verborgenen Verschiedenheit chemischer Constitution verdanken, den Vorzug verdienen dürften.

Was bei unsrer wie bei jeder andern Ansicht über die Entwickelungsweise der Organismen zu erklären übrig bleibt, ist die Thatsache, dass die Keime, welche das ausgebildete Geschöpf absondert, mittels Durchschreitens durch eine Reihe von Metamorphosen die organische Form und Einrichtung des Mutterkörpers, wenn auch mit grösseren oder geringeren Abänderungen, zu reproduciren vermögen. Gestehen wir, dass wir den mechanischen Hergang dabei nicht verfolgen können, wohl aber giebt es ein sehr allgemeines Princip, welches ein sehr allgemeines Licht nicht nur auf das Zustandekommen dieses Erfolges, sondern auch die Entwickelungsweise des ganzen organischen Reiches ja der ganzen Welt wirft, ein Princip, was ich nach der Weise, wie es hier aufgestellt werden wird, bis zu gewissen Grenzen als aprioristisches, darüber hinaus als empirisches, insofern aber die Empirie einen strengen und allgemeinen Beweis nicht zu liefern vermag, als ein zur allgemeinen Verknüpfung der Thatsachen des uns beschäftigenden Gebietes wohl geeignetes hypothetisches bezeichne, indess es seiner Natur nach einer allgemeinen mathematischen Begründung und Ausführung zugänglich sein dürfte und eine solche unstreitig noch finden wird. Kurz nenne ich es das Princip der Tendenz zur Stabilität. Hiervon im folgenden Abschnitte.

Zusatz.

Im 25. Cap. meiner Atomenlehre (2. Ausg.) habe ich zu zeigen gesucht, wie man durch eine gewisse Verallgemeinerung zur Annahme von multipeln Kräften (d. i. welche solidarisch durch Wechselwirkung von mehr als zwei Theilchen bestimmt sind) gelangen kann, die mit Aenderung der Ordnungszahl der Kraft (je nachdem man die Wirkung zweier, dreier, vierer u. s. w. Theilchen auf einander in Betracht zieht) das Vorzeichen wechseln und um so rascher mit der Entfernung abnehmen, je höher die Ordnungszahl ist, so dass je nach Aenderung der Entfernung der Theilchen von einander bald anziehende, bald abstossende multiple Kräfte das Uebergewicht gewinnen, bei messbaren Entfernungen aber die Gravitation, der Ordnung nach die niederste, d. i. binäre, allein als anziehende Kraft merklich bleibt. Auch die ternäre Kraft ist nach dem allgemeinen Princip dieser Kräfte noch anziehend und steht bei gleichen Abständen aller drei Theilchen im umgekehrten Verhältniss der 6. Potenz derselben, die quaternäre und quinäre aber sind abstossend u. s. f. Bleibt nun auch das Princip dieser Kräfte bis jetzt noch hypothetisch, so ist doch die Möglichkeit desselben schon seitens exacter Forscher gelegentlich anerkannt, indess eine exacte Bewährung und Verwerthung desselben bis jetzt noch zu grossen Schwierigkeiten unterliegt. Jedenfalls kann durch Berufung darauf die Vorstellbarkeit der hier in Betracht kommenden Verhältnisse erleichtert werden.

Kurz gesagt kommt das Princip dieser Kräfte darauf zurück, dass die multiple Kraft jeder gegebenen Ordnung umgekehrt proportional ist dem Producte der Abstände sämmtlicher zu dieser Ordnung gehörigen Theilchen von einander, d. h. eines jeden von jedem anderen, so aber, dass jeder Abstand doppelt, einmal mit positivem, zweitens mit negativem Vorzeichen, also als negatives Quadrat, in das Product eingeht, weil er nach der einen wie entgegengesetzten Richtung genommen werden kann, und dass die Kraft anziehend (in Bezug zum Schwerpunkt der multipeln Combination) ist, wenn das Vorzeichen des ganzen Productes negativ ist, abstossend, wenn es positiv ist, wovon Ersteres bei ungerader, Letzteres bei gerader Zahl der negativen Abstandsquadrate, die das Product bilden, der Fall ist. Bei der binären Kraft der Gravitation reducirt sich das Product blos auf ein negatives Abstandsquadrat, bei der ternären setzt es sich aus 3 solchen zusammen. bei der quaternären Kraft gehen 6, bei der quinären 10 negative Quadrate in das Product ein; also sind die binäre und ternäre Kraft anziehend, die quaternäre und quinäre abstossend u. s. f.

Lässt man das Vorhandensein dieser Kräfte zu, so wird man sich folgende Vorstellung machen können. Im ersten sehr ausgedehnten Zustande der Erde waren die Theilchen derselben noch so weit entfernt, dass blos die binäre Kraft der Gravitation zwischen ihnen merklich war, unter dem Einfluss derselben aber, nach den im 5. Abschnitt anzustellenden Betrachtungen, schon Bewegungen entstanden, welche unserem Begriffe organischer Bewegungen entsprechen; daher ich diesen Zustand kosmorganisch nenne. Allmälig aber zog sich die Masse so weit zusammen, dass zwischen den dadurch genäherten Theilchen die ternäre Molecularkraft über die binäre Gravitation überwiegend wurde: und unter dem Haupteinflusse dieser ternären Kraft stehen unsere organischen Zustände, welche ich zu näherer Unterscheidung von den kosmorganischen molecularorganische nenne. Die unorganischen Zustände beruhen in der Hauptsache auf Wärmeoscillationen der Theilchen um Gleichgewichtslagen in solchen Entfernungen von einander, in welchen die ternäre anziehende Kraft in die quaternäre abstossende übergeht. In zusammengesetzten Moleculen können für die Elementarcombinationen höherer Ordnung auch wohl Kräfte höherer Ordnung ins Spiel kommen.

Unter Voraussetzung der Richtigkeit dieser Auffassung müssen unorganische Molecule bei gleicher chemischer Zusammensetzung dichter sein als organische, woraus aber nicht folgt, dass ein ganzer Organismus durch den Tod, hiermit Uebergang in unorganischen Zustand, sich verdichten müsse, da die Bestandtheile vielmehr durch Fäulniss oder Erhitzung sich trennen. Wenn dies nicht sofort mit dem Tode geschieht, so kann dies theils davon abhängig gemacht werden, dass die organische Constitution nicht plötzlich in die unorganische übergeht — dauert doch die Reizbarkeit der

Muskeln noch eine Zeitlang nach dem Tode fort —, theils dass die Organismen von einem mehr oder weniger unorganischen Gerüste aus Häuten, Sehnen, Knochen u. s. w. durchzogen sind, welche ihre Verhältnisse im Tode bewahren.

Ich habe die Hypothese der multipeln Kräfte in voriger Auffassung hier zusatzweise angeführt, weil sie sich den in dieser Schrift zu entwickelnden Ideen gut zu fügen und für die Vorstellung der dabei ins Spiel kommenden Kraftverhältnisse einen Anhalt zu bieten scheint; bin jedoch weit entfernt, hier Gewicht darauf zu legen, weil es doch bis jetzt nur eine, nicht erweisliche, wenn auch sonst manche Vortheile darbietende, Hypothese bleibt und über die Natur der molecularen Kräfte überhaupt verschiedene Ansichten möglich und schon aufgestellt sind. Auch ist bei der Allgemeinheit, in der sich die Betrachtungen dieser Schrift halten, nicht nöthig, Gewicht auf eine specielle Hypothese darüber zu legen: wenn nur überhaupt zugestanden wird, dass unter dem Einflusse der molecularen Kräfte nicht minder als unter dem Einflusse der Gravitation continuirliche Bewegungen mit Ordnungsänderung der Theilchen zu Stande kommen können; wogegen ich kein principielles Hinderniss finde.

III.

Princip der Tendenz zur Stabilität *).

Der Kürze halber nenne ich in regelmässiger Periode, d. i. aufeinanderfolgenden gleichen Zeitabschnitten, wiederkehrende Lagen- und Bewegungsverhältnisse der Theilchen

*) Für gewisse sehr allgemeine Voraussetzungen hat schon Zöllner mittels sinnreicher Betrachtungen ein Princip abgeleitet, was wesentlich in das oben aufgestellte hineintritt und zwar nicht dessen volle Allgemeinheit theilt, daher auch nicht gleich weite Aussichten eröffnet, aber dafür einer schärfern Fassung, Begründung und selbst mathematischen Formulirung geniesst, in welchen Beziehungen ich gern seine Priorität wie seinen Vortheil anerkenne. Hauptsächlich hat Zöllner sein Princip zur Erklärung der Periodicität der Sonnenflecken aufgestellt und angewandt, aber auch auf die viel weitergehende Tragweite desselben nach andern Beziehungen hingewiesen. Vergl. darüber seine Abhandlungen in den Berichten der math.-phys. Cl. der sächs. Soc. d. Wiss. 1870 338, 1871 100 und eine kurze Notiz darüber in seiner Schrift über die Natur der Kometen 371.

eines materiellen Systems oder der Schwerpunkte ganzer Massen (wofür kurz Massen), die man zu einem grösseren System vereinigt denken kann, stable Verhältnisse, worunter der Ruhezustand der Theilchen oder Massen bezüglich einander nur als der Grenzfall inbegriffen ist, wo dieselben Verhältnisse immerfort bestehen, ein Grenzfall, den wir als absolute Stabilität bezeichnen, indess eine Zerstreuung der Theilchen oder Massen ins Unendliche in divergenten Richtungen den andern Grenzfall, den der absoluten Instabilität bildet.

Nicht mehr als absolute, aber doch noch als volle Stabilität werden wir den Fall bezeichnen, wo zwar Bewegungen stattfinden, diese aber in genau gleichen Zeitabschnitten immer zu denselben Verhältnissen der Theilchen oder Massen, nicht nur nach ihrer Lage, sondern auch Geschwindigkeit, Richtung und Aenderung der Geschwindigkeit und Richtung, bezüglich einander zurückführen. Nach Maassgabe der grösseren oder geringeren Annäherung an die absolute Stabilität aber werden sich noch Grade der vollen Stabilität unterscheiden lassen. Diese Annäherung wird nämlich um so grösser sein, je langsamer die Aenderung der Lage der Theilchen oder Massen gegen einander ist und in je kleinern Grenzen sie sich hält, indem man mit Beidem oder auch nur Einem von Beidem blos bis zur Grenze zu gehen braucht, um die absolute Stabilität zu haben.

Zur absoluten und vollen Stabilität tritt als dritter Fall der Fall einer grösseren oder geringeren Annäherung an die volle Stabilität, kurz approximative Stabilität, hinzu. Es kann nämlich sein, dass die Theilchen oder Massen eines Systems nie wieder genau, aber doch annähernd, in gleichen Zeitabschnitten zu den früheren Verhältnissen bezüglich einander zurückkehren, wovon wir ein Beispiel an den Hauptmassen unseres Planetensystems haben, worauf ich unten zurückkomme*).

---

*) Es würde erwünscht, ja wichtig sein, für den Approximationsgrad eines Bewegungszustandes an volle Stabilität ein bestimmtes Maass

Zur Vereinfachung der Betrachtung stabler Bewegungsverhältnisse kann jedenfalls die Bemerkung dienen, dass die Periodicitätsverhältnisse zwar in Bezug auf Lagen-, Geschwindigkeits-, Richtungs-Verhältnisse der Theilchen eines Systems besonders in's Auge gefasst und verfolgt werden können, dass aber in einem isolirten oder unter constanten Aussenverhältnissen befindlichen System jene Verhältnisse so zusammenhängen, dass, wenn die Lagen der Theilchen oder Massen bezüglich einander ganz oder annäherungsweise wiederkehren, auch dieselben Geschwindigkeits- und Richtungsverhältnisse ganz oder annäherungsweise wiederkehren. In Beziehung auf die Geschwindigkeitsverhältnisse ist dies eine directe Folgerung des Princips der Erhaltung der lebendigen Kraft; was die Richtungsverhältnisse anlangt, so wird man unstreitig einen Zusammenhang ihrer Wiederkehr mit den andern Verhältnissen voraussetzen können, obwohl mir nicht erinnerlich ist, dass ein directer allgemeiner Beweis dafür geführt ist.

Mit Rücksicht auf diese Vorbestimmungen denken wir uns eine beliebige Anzahl materieller Theilchen durch Kräfte irgendwelcher Art auf Bewegungen innerhalb eines begrenzten Raumes beschränkt, und das System äusseren Einflüssen entzogen oder unter constanten äusseren Einwirkungen befindlich, ausserdem ungestört durch Eingriffe geistiger Freiheit, oder solche überhaupt nicht möglich; so werden unter Voraussetzung beliebiger Anfangslagen, Geschwindigkeiten, Richtungen der Theilchen des Systems alle folgenden Zustände desselben von diesen Anfangsbedingungen bestimmt sein. Giebt es nun unter diesen Bedingungen solche, die, wenn sie von vornherein da sind oder im Laufe der Bewegung eingetreten sind, eine Wiederkehr derselben Zustände nach einer gegebenen Zeit zur Folge haben, so werden die anfangs

angeben zu können; für die allgemeinen Betrachtungen aber, auf die wir uns hier beschränken werden, reicht es hin, nur überhaupt anzuerkennen, dass grössere oder geringere Annäherungen in dieser Beziehung stattfinden können.

irgendwie in Form und Geschwindigkeit sich ändernd gedachten Bewegungen und damit Lagen der Theilchen, wenn sie nicht die Bedingung der periodischen Wiederkehr unmittelbar mitführen, ihre Aenderungen so lange fortsetzen, bis unter allen möglichen Zuständen, die solchergestalt durchlaufen werden können, eben die eingetreten sind, welche die Bedingung der Wiederkehr einschliessen, das System bis dahin so zu sagen keine Ruhe haben. Ist aber die Wiederkehr einmal nach einer gegebenen Zeit erfolgt, so muss sie immer von Neuem nach derselben Zeit eintreten, weil ja eben dieselben Bedingungen wieder dazu da sind. Und da diese Bedingungen maassgebend für den ganzen Verlauf der Bewegung von einer bis zur nächsten Wiederkehr sind, so muss auch der ganze Bewegungsverlauf sich wiederholen, d. h. in jeder gleichen Phase der Periode sich ein gleicher Bewegungszustand vorfinden. Hiemit aber ist volle Stabilität des Systems eingetreten, wonach eine Aenderung, ein Verlassen der einmal erreichten Stabilität selbstverständlich nur noch vermöge Aenderungen der äussern Einwirkungen eintreten kann, unter deren voraussetzlicher Constanz die Stabilität zu Stande kam.

Dieses Princip scheint zunächst ein rein aprioristisches zu sein; doch darf man die dabei gemachte Voraussetzung nicht übersehen, dass unter den Bedingungen der Bewegung überhaupt solche sind, welche zu ihrer eigenen Wiederkehr zurückführen, was nichts weniger als selbstverständlich ist, indess allerdings selbstverständlich bleibt, dass ein System so lange fortfahren muss, sich zu ändern, und nur so lange fortfahren kann, sich zu ändern, bis die Bedingungen der vollen Stabilität erreicht sind, falls sie überhaupt erreichbar ist, und dass eine einmal erreichte volle Stabilität durch die eigene Wirkung des Systems nicht wieder rückgängig gemacht werden kann *). Es fragt sich nun, wiefern Rechnung und

*) Vielleicht könnte man den vollen Apriorismus des Princips dadurch zu retten versuchen, dass man sagte: unter allen denkbaren Bewegungsweisen der Theilchen eines Systems finden sich natürlicher-

Erfahrung die Aufstellung eines allgemeineren Princips in dieser Hinsicht gestatten.

Bei einem, äusseren Einflüssen entzogenen System aus blos zwei Theilchen oder Massen, welche durch gegenseitige Anziehung und Nachwirkung eines ursprünglichen ablenkenden Impulses zur Bewegung bezüglich einander bestimmt werden, lehrt die Rechnung unter Ausschluss ins Unendliche gehender Bewegungen, dass der Eintritt voller Stabilität und zwar sofortiger Eintritt ein nothwendiger ist; auch für oscillirende Pendel und Saiten lässt sich aus der Natur der sie bewegenden Kräfte berechnen, dass sie bei Wegfall äusserer Widerstände in einem völlig stablen Bewegungszustande verharren würden, indess sie bei Vorhandensein von solchen einem absolut stablen durch einen approximativ stablen hindurch zuschreiten. Das Vermögen der Rechnung geht bisher nicht über solche verhältnissmässig einfache Fälle hinaus; nicht einmal das Problem der drei Körper, geschweige mehrerer Körper, welche unter dem Einflusse ihrer gegenseitigen Anziehung stehen, ist bis jetzt einer allgemeinen Lösung zugänglich, und auf die Berechnung des Erfolges der organischen Molecularkräfte hat die Rechnung überhaupt bisher noch keinen Angriff gefunden.

Ziehen wir aber die Erfahrung zu, so lässt sich nach allgemeinsten Thatsachen derselben allerdings behaupten, dass bei einem sich selbst überlassenen oder unter constanten Aussenbedingungen befindlichen System im Ausgange

---

weise auch solche, wodurch die Theilchen in frühere Verhältnisse zurückgeführt werden, und da die Bewegungsweise der Theilchen sich ins Unbestimmte fort ändern muss, so lange keine solche Bewegungsweise eingetreten ist, so muss eine solche endlich eintreten, da sie unter den unbestimmbar möglichen Bewegungsweisen Platz hat, also irgend einmal getroffen werden muss. Aber es können recht wohl Bewegungsweisen ins Unbestimmte fort sich ändernd gedacht werden, so dass doch gewisse Bewegungsweisen immer dabei ausgeschlossen bleiben; und fragt sich also noch, ob der Eintritt von solchen auch mit der Natur der Kräfte, wovon die Bewegung abhängt, verträglich ist.

von beliebigen Zuständen, wenn nicht die volle Stabilität, aber eine grössere oder geringere Approximation daran als Endzustand eintritt, von dem an kein Rückschritt der Stabilität durch die inneren Wirkungen des Systems selbst stattfindet; indem nach Maassgabe als veränderliche äussere Einwirkungen zurücktreten, sich die Tendenz zu approximativ stabeln Zuständen oder die wirkliche Erreichung solcher überall geltend macht, so dass der Hypothese, welche die Unmöglichkeit ganz scharfer Feststellungen in dieser Hinsicht zu ergänzen hat, wenig genug überlassen bleibt, um die Aufstellung folgenden Gesetzes oder Principes zu gestatten:

In jedem sich selbst überlassenen oder unter constanten Aussenbedingungen befindlichen System materieller Theile, und mithin auch im materiellen Weltsystem, sofern wir es als ein abgeschlossenes betrachten, findet bei Ausschluss ins Unendliche gehender Bewegungen eine continuirliche Fortschreitung von instablern zu stablern Zuständen bis zu einem voll oder approximativ stabeln Endzustande statt.

Die Bewegungen der Massentheilchen unseres Planetensystems mögen in dem Urzustande desselben höchst unregelmässig gewesen sein.. Jetzt haben sie sich in der Hauptsache zu den regelmässig wiederkehrenden Planetenbewegungen ausgeglichen. Doch können vermöge bestehender Incommensurabilitätsverhältnisse der Umlaufszeiten der Planeten niemals alle zugleich wieder in dieselben relativen Stellungen zu einander gelangen, und kehren daher auch niemals genau dieselben Störungsverhältnisse und mithin Bewegungsverhältnisse in der Bahn jedes Planeten insbesondere wieder. Aber eine periodische Wiederkehr angenähert derselben Stellungen je zweier, dreier und selbst aller Planeten zu einander und damit angenäherte Wiederkehr derselben Störungen jeder einzelnen Bahn in kleineren und grösseren Perioden, worein man die ganze Bewegung zerlegen kann, findet doch statt, und nachdem dieser Zustand angenäherter Stabilität erreicht ist, findet kein Rückschritt darin statt, mindestens glaubt jeder Astronom an eine Stabilität der Verhältnisse des Planetensystems in diesem Sinne, insofern die Rechnungen, so weit sie sich bisher treiben liessen, keinen Grund enthalten, daran zu zweifeln*).

Sollte nun freilich unser so gut als isolirtes Planetensystem plötzlich in die Nähe eines andern versetzt werden, in welchem die Stabilität in gleicher Annäherung erreicht war, so würde die Stabilität in beiden sich durch ihre gegenseitigen Störungen eben so plötzlich mindern; indem nun aber durch die eingetretene Wechselwirkung der Massen beider Systeme aus beiden Systemen eins geworden ist, würde sofort in diesem Systeme ein neuer Fortschritt im Sinne wachsender Stabilität bis zu einem neuen Grenzzustande approximativer Stabilität eintreten.

Nicht blos die Massen der Planeten bezüglich zu einander, sondern auch die Theilchen der Masse eines jeden in sich sind von, Anfangs unstreitig sehr unregelmässigen, Bewegungen in der Hauptsache zur Stabilität übergegangen, indem alle Planetenmassen um ihre Axe mit periodisch veränderlicher, hiemit dem Begriffe der Stabilität entsprechender Neigung der Axe gegen ihre Bahnebene rotiren; und wenn unter dem nach Tages- und Jahreszeiten wechselnden Einflusse der Sonne noch sehr instable meteorologische Zustände auf der Erde stattfinden, so würden diese nicht nur bei Wegfall jener wechselnden äusseren Einflüsse bald zur Ruhe kommen, und alle Theile der Oberfläche der Erde sich gleichförmig an der Rotation der Erde betheiligen; sondern es greifen auch durch die Bewegungen, welche wir auf der Erde als Theil des Systems von Erde, Sonne und Mond beobachten, grosse Perioden von angenäherter Stabilität in

*) Man kann bemerken, dass, während die Incommensurabilität der Umlaufszeiten der Planeten eine Abweichung von der vollen Stabilität des Planetensystems in unserm Sinne bedingt, sie doch zugleich die Bedingung der forterhaltenen Approximation daran ist, weil im Falle der Commensurabilität der Umlaufszeiten sich bei den wiederholten Umläufen die Störungen in derselben Richtung summiren würden, statt sich mit kleinen Schwankungen zu compensiren.

Ebbe und Fluth, Kreislauf der Gewässer, periodischen Winden, periodischen Aenderungen der Temperatur, des Luftdrucks u. s. w. durch, ohne dass wir im Ganzen einen Rückschritt in dieser Approximation bemerken.

Die Organismen sind so zu sagen ganz auf Periodicität ihrer Functionen, hiemit auf stable Verhältnisse ihres Lebens angelegt. Dabei sehen wir allerdings in Betracht des Stoffwechsels, welchem die Organismen unterliegen, dass es nicht immer dieselben, sondern nur gleichgeltende Theilchen sind, welche periodisch in dieselben Lagen zurückkehren; es hindert aber auch nichts, den Begriff der Stabilität so zu verallgemeinern, dass dieser Fall darunter tritt.

Aus allgemeinem Gesichtspunkte lässt sich glauben, wenn auch bisher nicht streng beweisen, dass die Neigung jedes sich selbst überlassenen materiellen Systems zu einer regelmässigen inneren Gruppirung der Theilchen und regelmässigen äusseren Gestalt mit dem Princip der Tendenz zur Stabilität zusammenhängt.

Selbst das geistige Gebiet erscheint diesem Princip unterworfen. Denn man findet, dass, nach Massgabe als ein Mensch sich dem veränderlichen Einflusse äusserer Umstände mehr entzieht, sein ganzes Vorstellungs-, Empfindungs-, Gemüthsleben sich in immer regelmässigere Kreisläufe ordnet oder kurz gesagt immer stabler wird; ein Tag wird für ihn bald wie der andere; was man mit der wachsenden Stabilität der materiellen Processe, welche dem geistigen Leben unterliegen, in Beziehung denken kann.

Insofern jedes beschränkte System in der Welt als Theil eines grössern Systems schliesslich der ganzen Welt gefasst werden kann, werden auch die inneren Stabilitätsverhältnisse eines jeden ausser durch die Wirkung der eigenen Theile durch die Aussenbedingungen im Sinne der Tendenz des Ganzen zur Stabilität mit bestimmt, und wo die Wirkung der Aussenbedingungen nicht verschwindend ist, kann also das Princip der Tendenz zur Stabilität nur mit Rücksicht auf diese Mitbestimmung geltend gemacht werden.

Eine besondere Beachtung verdienen hierbei die beiden Fälle, dass ein System, was für sich genommen in einem stabeln Zustande seiner Theile sein würde, diese Bewegung in einem Mittel ausführt, welches ohne die Bewegung des Systems relativ in sich ruhen würde, und dass es sie unter dem Einflusse des stablen Bewegungszustandes eines andern Systems ausführt. Ein Beispiel des ersten Falles haben wir an einer an zwei festen Punkten befestigten Saite, welche in einer ruhigen Luft schwingt. Zwar können wir die Theilchen der sog. ruhigen Luft wegen ihrer Wärmeschwingungen nicht als absolut, aber doch im Verhältniss zu den Excursionen der Theile der Saite als ruhend ansehen. Ohne den Widerstand der Luft würde die Schwingung der Saite eine ganz stable gewesen sein; unter dem Einflusse des Widerstandes der Luft, mit welcher sie ein System bildet, geht aber ihre volle Stabilität in eine angenäherte über, indem in auf einander folgenden gleichen Zeitabschnitten nicht mehr genau dieselben Lagen und Geschwindigkeiten wiederkehren, hiemit aber die Saite der absoluten Stabilität sowohl für sich als mit Beziehung zur Luft immer mehr zuschreitet, indem sich die Amplituden der Schwingungen immer mehr bis zur Erreichung des Ruhezustandes verkleinern.

Was den zweiten Fall anlangt, so ist darin, dass zwei Systeme für sich genommen in stablem Bewegungszustande begriffen sein würden, noch nicht eingeschlossen, dass auch das System beider in solchem begriffen ist, wozu vor Allem gehören würde, dass die Perioden beider, welche Theilchen derselben man auch nehmen mag, in commensurabeln Verhältnissen zu einander stehen.

Im Allgemeinen nun weiss man nach dem erfahrungsmässigen Erfolge, welchen der Huyghens'sche Versuch mit den zwei auf demselben Brete befestigten Uhren bei etwas verschieden langen Pendeln dargeboten hat, so wie den Rechnungserfolgen bezüglich der Mittheilung von Schwingungen an resonirende Körper, dass hierbei wirklich auch die Tendenz zur Herbeiführung stabler Bewegungsverhältnisse zwischen den in Wirkung tretenden Systemen sich geltend macht, ohne dass freilich der Fall schon in voller Allgemeinheit hat behandelt werden können.

Kann man nun hiernach nicht sagen, dass die Stabilitätsverhältnisse, die jedem von zwei Systemen für sich zukommen würden, auch bei Wechselwirkung beider bestehen bleiben, so doch, dass, wenn der approximativ stable Endzustand des Systems beider Systeme eingetreten ist, auch jedes beider Systeme für sich betrachtet wieder zu einem approximativ stabeln Zustande zurückgekehrt ist, weil ja in dem approximativ stabeln Zustande des Ganzen der eines jeden Theiles von selbst inbegriffen ist; nur dass dieser Zustand ein anderer als früher und die Approximation an volle Stabilität möglicherweise grösser oder geringer als früher sein kann.

Wir können die mechanischen Bedingungen, Kräfte, Gesetze, nach denen Bewegungen, die im Zusammenhange eines Systems erfolgen, sich allmälig immer mehr zu einer Wiederkehr derselben Verhältnisse in grösseren oder kleineren Perioden abgleichen, kurz nach denen sich die Tendenz zur Stabilität vollzieht, nicht in voller Allgemeinheit, ja überhaupt nicht über nahe liegende Grenzen hinaus verfolgen; aber es ist schon wichtig, überhaupt zu wissen, dass überall eine, von gesetzlicher Wirkung der Kräfte abhängige, Tendenz in diesem Sinne besteht, welche zu einem, durch innere Kräfte nicht wieder rückgängig zu machenden, Endzustande mehr oder weniger angenäherter Stabilität führt; und so wie wir im Princip der Erhaltung der Kraft oft das Mittel finden, Schlüsse auf das Zustandekommen von Erfolgen zu ergänzen, wozu die Vollständigkeit der specialen Unterlagen fehlt, können wir auch dem Principe der Tendenz zur Stabilität die gleiche Eigenschaft beilegen und um so grössere Erfolge von seiner Combination mit dem Principe der Erhaltung der Kraft hoffen.

So liegt es schon im Sinne solcher Combination, dass kein unbeschränkter Fortschritt der Welt zur absoluten

Stabilität, welche in voller Ruhe der Theilchen besteht, stattfinden kann; vielmehr wird der Annäherung daran durch das Princip der Erhaltung der Kraft eine Grenze gesetzt. Ja es kann überhaupt durch die Tendenz zur Stabilität die lebendige Kraft in der Welt im Ganzen nicht ihrer Grösse, sondern nur der Form, in der sie sich äussert, nach geändert werden.

Nachdem nun das Princip der Erhaltung der Kraft schon so schöne Entwickelungen erfahren und so reiche Früchte getragen hat, halte ich es bei der Wichtigkeit, die ich dem Princip der Tendenz zur Stabilität gleichsam als qualitativer Ergänzung zu jenem, auf quantitative Verhältnisse bezüglichen Princip glaube beilegen zu dürfen, auch für eine wichtige Aufgabe der Zukunft, dies Princip, so wie die Principien des Zusammengehörens beider Principe, nicht minder zu bearbeiten und auszubeuten; nur würde dazu mehr mathematische Kenntniss und Fähigkeit gehören, als ich besitze. Auch dürfte eine allgemeinere Behandlung desselben durch die nöthige Mitberücksichtigung des Stoffwechsels in der Anwendung auf Organismen nur zu sehr erschwert sein.

Wie dem auch sei, sollte die allgemeinere Behandlung des Princips für jetzt noch zu grosser Schwierigkeit unterliegen, so dürften sich doch besondere Fälle von Interesse derselben nicht entziehen.

Die Wichtigkeit des Princips wird übrigens in um so hellerem Lichte und um so grösser erscheinen, wenn zur physikalischen und physiologischen Verwerthung desselben, um die es sich hier und im nächsten Abschnitte handelt, die teleologische und psychophysische Verwerthung desselben, wovon im 11. Abschnitte, treten wird.

IV.

Anwendungen des vorigen Princips auf die organischen Verhältnisse.

Bei allen Verschiedenheiten, welche die Bewegung der Theilchen in organischen und in unorganischen Moleculen annehmen kann, besteht für unorganische Molecule eine fundamental grössere Annäherung an die absolute Stabilität insofern, als die Ordnung der Theilchen durch die inneren Kräfte fest erhalten bleibt, indess sie in den organischen Moleculen dadurch verrückt wird, sei es auch, dass sie bei voller Stabilität sich periodisch wiederherstellt. Ausserdem schliesst die Stabilität der Ordnung auch von selbst günstigere Bedingungen für die Stabilität der Ortsveränderungen ein, als die Veränderlichkeit der Ordnung. Diese Vortheile der Stabilität, welche unorganische Molecule vor organischen voraus haben, tragen sich natürlich nur vervielfacht und gesteigert auf unorganische Systeme in Verhältniss zu organischen Systemen über.

Hienach geht auch allgemein gesprochen die Tendenz zur Stabilität vielmehr dahin, organische Zustände in unorganische zu verwandeln, als umgekehrt. Denke man sich einen Organismus sich selbst überlassen, der Luft zum Athmen, des Tranks, der Nahrung beraubt, so wird nicht nur sein ganzer organischer Verband, sondern auch die organische Constitution seiner Molecule in kürzester Zeit schwinden, und er vermöge der Tendenz zu stablern Zuständen in unorganischen Zustand übergehen, was schliesslich auch bei seinem natürlichen Lebensende sicher eintritt; und in derselben Tendenz ist der tiefere Grund zu suchen, weshalb der unorganische Zustand keine Organismen aus sich heraus gebären kann. Es wäre ein Widerspruch gegen das Princip. Von anderer Seite aber kann man es doch nicht als eine Folgerung des Princips ansehen, dass der Uebergang in unorganischen Zustand, der jedem Organismus zuletzt bevorsteht, sofort bei jedem eintreten müsse; denn setzen wir, dass das geschähe, so würde vielmehr mit einem Sprunge das Princip ganz verlassen werden, indem die bisher approximativ sich wiederholenden organischen Bewegungen überall plötzlich aufhörten sich zu wiederholen. Das Princip verlangt überhaupt nicht als Ziel einen bestimmten Annäherungsgrad an die, nach S. 34. 35 überhaupt nicht erreichbare, absolute Stabilität des Weltprocesses, sondern nur, dass in der Totalität desselben kein Rückschritt betreffs der Annäherung an die volle Stabilität geschehe, ohne dass sich für jetzt bestimmen lässt, was das wahrscheinlich nur asymptotisch angestrebte Ziel sei, und ohne dass ein Rückschritt im Einzelnen ausgeschlossen ist, welcher einer grösseren Annäherung an die volle Stabilität des Ganzen entgegenführt. Nun aber liegt nach der Erfahrung selbst auf dem Wege zum Ziele sowohl die sich periodisch immer erneuernde Ausgeburt neuer Organismen aus den frühern mit neuem Anwachs durch Ernährung, wie das nicht minder sich periodisch immer erneuernde Rückfallen derselben in unorganischen Zustand. Wir müssten weiter in der Beherrschung des Princips sein, als wir sind und vielleicht je sein werden, um dies und dergleichen, so wie es vor sich geht, als reine theoretische Folgerungen des Princips voraussehen zu können; aber das hindert doch nicht, das und dergleichen im Sinne des Princips zu verstehen und sehr allgemeine Gesichtspunkte darauf zu begründen.

Hieher gehört vor Allem, mit Rücksicht auf die im ersten Abschnitte gemachte Unterscheidung zwischen der wesentlichen Constitution des Organischen und Unorganischen, die schon mehrfach berührte Beseitigung der Ansicht von einer generatio aequivoca der Organismen, an deren Stelle die im 5. Abschnitt auf Grund angemessener kosmogonischer Vorstellungen zu entwickelnde Ansicht treten wird. Jetzt jedenfalls entstehen, so weit sichre Thatsachen reichen, Organismen nur durch Spaltung schon vorgegebener Organismen oder Abspaltung von denselben, und es wird zu zeigen sein, dass auch die erste Entstehung aus einem Urzustande der Erde herzuleiten ist, der vielmehr unter den Begriff des organischen als unorganischen Zustandes tritt. Nun erhalten und vergrössern sich die Organismen im Wege der Ernährung, und hiebei kann für den ersten Anblick ein Widerspruch mit dem Princip darin gesucht werden, dass die unorganischen Stoffe, so weit solche zur Ernährung beitragen, den Vortheil ihrer Stabilität vor den organischen durch Eingehen in den organischen Process aufgeben. Aber erstens treten die unorganischen Substanzen durch Aufnehmen in den Organismus und Betheiligung an dessen inneren Bewegungen in ein stableres Verhältniss zu dessen Theilchen, als sie ausserhalb des Organismus dazu hatten; zweitens werden für die aufgenommenen unorganischen Stoffe solche wieder abgeschieden, welche theils den Organismus verlassen, theils zum Wachsthum desselben selbst beitragen, sofern allen Knochen, festen Schalen, Hornmassen, Häuten ein mehr oder weniger unorganisches Gefüge unterliegt; drittens macht sich das Princip der Tendenz zur Stabilität darin geltend, dass sich die Lebensvorgänge des Organismus in bestimmte Perioden und Kreisläufe ordnen oder einen mehr oder weniger bestimmten Rhythmus annehmen. Schlaf und Wachen, Kreislauf des Blutes, peristaltische Bewegungen der Eingeweide, der Rhythmus des Athmens, die mehr oder weniger periodische Nahrungsaufnahme und Geschlechtsverrichtung gehören hieher. Wahrscheinlich ist auch die Theilung der organischen Molecule oder Zellen, mittels deren das Wachsthum sich vollzieht, bis zu gewissen Grenzen im Sinne einer Förderung der Stabilität, sofern die Kerne zweier in organischem Verbande stehenden organischen Molecule oder Zellen wegen der wenigeren Theilchen, die jedes enthält, leichter für sich in stable Zustände kommen können, als wenn sie sammt dem (in früher angegebenem Sinne zu verstehenden) Parenchym in ein einziges Molecul oder eine einzige Zelle unterschiedslos verschmolzen wären; und wenn schon durch die Trennung instable Verhältnisse der getrennten Massen bezüglich einander begünstigt werden, so wird doch bis zu gewissen Grenzen jener Vortheil diesen Nachtheil um so leichter überwiegen können, als diejenigen Stabilitätsverhältnisse, welche während der vollen Vereinigung der Massen eingetreten waren, mindestens theilweis den unter Forterhaltung organischen Verbandes auseinanderweichenden verbleiben können.

Endlich ist in Rücksicht zu ziehen, dass das Aufgeben des unorganischen Zustandes in den Organismen dadurch, dass es periodisch mit dem Rückfall derselben in diesen Zustand wechselt, selbst aus sehr allgemeinem Gesichtspunkte unter den Begriff approximativer Stabilität tritt.

Ist einmal eine Grenze des Wachsthums eingetreten, so verharrt der Organismus allgemein gesprochen eine Zeit lang ziemlich gleichförmig in einem approximativ stablen Verhältnisse zugleich in sich und zur Aussenwelt; allmälig aber beginnt die unorganische Stabilität mehr und mehr auf Kosten der organischen Platz zu greifen, indem die Theile fester und starrer werden und die Bewegungen sich mehr verlangsamen, bis endlich der ganze Organismus dem unorganischen Zustande wieder verfällt, und hiemit würde das organische Leben überhaupt beendet sein, wenn er nicht während seines Lebens Theile von sich abzuspalten vermöchte, die seinen Lebensprocess wiederholen.

Hat sich nun ein Keim, der in Zusammenhang mit seinem Mutterkörper zu einem approximativ stabeln Endzustande gelangt war, vom Mutterkörper getrennt, so werden vermöge der damit gesetzten Aenderung der äusseren Verhältnisse auch die davon mit abhängigen inneren Verhältnisse sich ändern*) und die Veränderungen so lange fortgehen, bis ein neuer, unter den neuen Aussenbedingungen approximativ

*) Dies Verlassen ist kein Widerspruch mit dem Princip der Tendenz zur Stabilität, welches einen Verlust an Stabilität nur bei Gleichhalten der äusseren Umstände verwehrt, und bedeutet keinen Verlust für das Weltganze, sondern eben nur einen zeitweisen für den Keim insbesondere.

stabler Endzustand eingetreten ist, was entweder die Zerstörung des Keimes unter rascher Ueberführung in den stableren unorganischen Zustand oder eine nur langsamer dazu führende Fortentwickelung des Keimes auf dem Wege der Ernährung bedeutet. Ersteres, wenn die zur Erhaltung des organischen Zustandes genügenden Aussenbedingungen für den Keim nicht vorhanden sind, Letzteres, wenn sie vorhanden sind. Auf jeder Stufe seiner Entwickelung kann der Keim noch dem unorganischen Zustande als Endzustand anheimfallen und es gehören überall besondere Aussenbedingungen dazu, wenn er zu einem, sich eine Zeit lang erhaltenden, organischen weiter fortschreiten soll, ohne dass doch eine Variation dieser Bedingungen innerhalb gewisser Grenzen während der ganzen Entwickelungszeit ausgeschlossen ist; es dürfen nur eben gewisse Grenzen nicht überschritten werden, soll die Entwickelung vielmehr zu einem stabeln organischen als einem unorganischen Endzustande führen. Je nach der Variation der Aussenbedingungen innerhalb dieser Grenzen während der Entwickelungszeit des Keimes entwickelt sich dann derselbe auch bei gleicher eigener Anlage zu einem verschiedenen Geschöpfe. Aber die Möglichkeit der Entstehung verschiedener Geschöpfe schränkt sich im Laufe der Entwickelung des ganzen organischen Reiches immer mehr dadurch ein, dass dasselbe Princip der Tendenz zu stabeln Zuständen nicht blos für die Entwickelung der Organismen, sondern auch der ganzen Aussenwelt und des Zusammenhanges beider, überhaupt der ganzen Welt gilt. Wonach sich nicht nur die inneren, sondern auch äusseren Bedingungen der Entwickelung der Organismen immer mehr festigen, in immer bestimmtere Perioden und Kreisläufe gliedern, mithin die Entwickelung der Keime von gleicher Beschaffenheit auch immer mehr in gleiche Bahnen lenken, darin erhalten, für gleiche Entwickelungsphasen derselben gleiche äussere Entwickelungsbedingungen bereit haben, während zugleich auch die Keime sich in sich selbst im Fortschritte der Generationen immer mehr darauf einrichten, unter diesen immer stabler gewordenen Aussenbedingungen die früheren Entwickelungsgänge zu wiederholen, und hiemit die Organismen, aus denen sie entstanden waren, zu wiederholen; woran sich das Princip abnehmender Variabilität der Organismen im Laufe der Entwickelung des organischen Reiches, wovon ein späterer Abschnitt handeln wird, knüpfen lässt.

V.

Kosmogonische Verhältnisse. Urentstehung der Organismen.

Die heutige Descendenzlehre hält sich an die Ansicht gebunden, dass sich das organische Reich der Erde in einer Urzeit derselben aus dem unorganischen Reiche herausgebildet habe, und muthet diesem Reiche zu, zufällig noch einmal mindestens ein Moner oder eine einfache Zelle zu produciren, oder plagt sich damit, es ihm gleich zu thun, indem man die einfachsten Organismen, wenn nicht aus rein unorganischem Stoffe — was man sich doch kaum zutraut, obwohl im Sinne und zur Stütze der Lehre zutrauen müsste — aus solchem, der durch Kochen unorganisch gemacht ist, zu produciren sucht. Mir scheint das aber ungefähr dasselbe, als wenn man meinte, Fleisch und Nerven hätten sich in einer gewissen Zeit des Fötuslebens aus den Knochen herausgebildet, könnten es auch wohl noch unter günstigen Verhältnissen, und derselbe Versuch, als wenn man, nachdem das Hühnchen aus dem Ei gekrochen; das Hühnchen noch einmal aus der Eierschale erzeugen wollte; nur dass ich statt der Stoffe die Kräfte dazu erschöpft halte.

Schon oben habe ich darauf hingewiesen, dass ein Ursprung der Organismen aus rein unorganischem Stoffe als ein Widerspruch mit dem Princip der Tendenz zur Stabilität erscheint. Ich will zwar nicht behaupten, dass dieser

Widerspruch in völlig strenger Weise dargethan sei; aber die allgemeine Betrachtung, die sich in dieser Hinsicht anstellen liess, stimmt zusammen mit dem negativen Erfolge der bisher angestellten Beobachtungen und Versuche. Man provocirt zwar auf ganz eigenthümliche früher bestandene Verhältnisse des unorganischen Reiches, welche die jetzt nicht mehr möglich scheinende Entstehung von Organismen daraus möglich gemacht haben sollen; aber so lange man mit diesen Verhältnissen nicht aus den Bedingungen des unorganischen Zustandes heraustritt, wird man weder nach jenem Princip noch nach empirischen Gesetzen sich auf jene Entstehung Rechnung machen dürfen. Denn mag der Kohlensäuregehalt der Luft, die Brutwärme der Erde, und an was man sonst denken mag, früher viel grösser gewesen sein als jetzt, mag man die Diffusionen und chemischen Processe zwischen den unorganischen Massen noch so abgeändert denken, so wissen wir doch genug von den Gesetzen aller solcher Abänderungen und ihren Erfolgen, um als Resultat immer wieder nur unorganische Massen erwarten zu können.

Es wird grosses Gewicht darauf gelegt, dass die neuere Chemie aus rein unorganischen Stoffen Harnstoff, Ameisensäure u. s. w., welche auch von Organismen producirt werden, zu erzeugen gelernt habe; aber hat sie irgend einen dieser Stoffe in den organischen Bewegungszustand zu versetzen, die Phänomene der Ernährung, des Wachsthums, der Fortpflanzung daran hervorzubringen vermocht? und darum handelt es sich doch. Nun meint man, es käme nur noch darauf an, es bis zur chemischen Zusammensetzung und dem Aggregatzustande des eiweissartigen Protoplasma eines einfachen Moners zu bringen, so werde sich alles das von selbst finden. Und unstreitig, wenn das künstlich erzeugte Protoplasma in allen molecularen Verhältnissen dem natürlichen gliche, so würde es auch dessen Lebenserscheinungen zeigen; nur gehört zu den molecularen Verhältnissen der Bewegungszustand selbst, auf dem die Lebenserscheinungen beruhen; die Chemie der Laboratorien aber hat bisher noch nicht die geringste Anlage verrathen, solchen einer unorganischen Materie zu verleihen, oder deren Theilchen so zu ordnen, dass Kräfte dazu in ihr selbst erwachen.

Während aber so das unorganische Reich sich unfähig zeigt, Organisches in sich aus sich zu produciren, sehen wir täglich in und aus Organismen unorganische Stoffe in tropfbarem oder Gaszustande sich ausscheiden oder mehr oder weniger feste Gerüste darin bilden, und so meine ich, obwohl nicht nach dieser Analogie, sondern nach directeren Gründen, dass man auch anstatt einer Entstehung und Ausscheidung der Organismen in und aus dem unorganischen Reiche umgekehrt eine Entstehung und Ausscheidung der unorganischen Massen aus einem ursprünglich organischen Zustande der Erde im Sinne unserer Erklärung des organischen Zustandes anzunehmen habe; nur dass die moleculare Zugkraft in Erzeugung der organischen Bewegungen so lange durch die über unmerkliche Weiten hinaus wirkende Zugkraft der Gravitation vertreten war, als die Theilchen der Erde selbst über solche Weiten hinaus von einander entfernt waren. Sollte man aber den organischen Zustand blos auf Abhängigkeit von Molecularkräften beschränken wollen, so würde man zu sagen haben, dass Organisches und Unorganisches durch Differenzirung aus einem Zustande der Urmaterie hervorgegangen zu denken sind, auf den weder der Begriff unserer heutigen organischen noch unorganischen Zustände vollkommen anwendbar ist. Insofern sich jedenfalls eine Unterscheidung des Urzustandes der Erde von den jetzt auf der Erde zu beobachtenden organischen Zuständen nöthig machen kann, mag der erste als kosmorganischer, indess letzterer als molecularorganischer bezeichnet werden. Nun aber fragt sich, wie wir zu unserer Vorstellung vom kosmorganischen Zustande gelangen.

Ursprünglich war nach jetzt allgemein zugestandener Annahme die ganze Materie der Erde, ja unseres ganzen Planetensystems, in einem ungeheuer ausgedehnten Zustande und zog sich nur allmälig nach dem gemeinsamen Schwerpunkte zusammen. Hätten die Theilchen nicht von vorn herein Impulse gehabt, die von der Richtung der Schwere abwichen, so würden aus den Anziehungskräften derselben gegen einander geradlinige Bewegungen direct nach dem Schwerpunkte resultirt sein und hätte die elliptische Bewegung der Planeten um den Schwerpunkt des Systems und die Rotation derselben um ihre Axe nicht zu Stande kommen können. Das Vorhandensein dieser, von der Richtung nach dem Schwerpunkt abweichenden, Bewegungen aber nöthigt zur Annahme solcher Impulse oder Anfangsgeschwindigkeiten, welche eine andere Richtung hatten, gleichviel, worin man ihren Ursprung suchen will. Unsere Ansicht darüber, wodurch sie jedes mystischen Charakters entkleidet werden, kann man im Zusatze am Schlusse dieses Abschnittes finden; doch kommt es hier nur auf die nothwendig zuzulassende Thatsache, nicht die Erklärung derselben an. Beschränken wir uns hier zunächst auf Betrachtung der Erdmasse, so ist von vorn herein kein Grund, alle Theilchen derselben als in gleichen Abständen von einander und die Impulse darauf alle als gleich gerichtet und gleich stark anzusehen, ja wenn unsere Ansicht von der Natur dieser Impulse richtig ist, so folgen aus Verschiedenheiten in erster Hinsicht von selbst Verschiedenheiten in letztern Hinsichten. Eben so wenig aber ist Grund, alle auf die verschiedenen Theilchen geäusserten Impulse sich im Ganzen in Richtung und Grösse gerade compensirend zu denken. In der That wären dies unter unendlich vielen denkbaren Fällen nur zwei. Jeder Fall dazwischen aber hat schliesslich nach mechanischen Principien zur Rotation der durch ihre Molecularanziehungen fest gewordenen Erdmasse um ihre Axe und translatorischen Bewegung im Raume nach der Richtung führen müssen, welche im Ganzen überwog *), indess vor Entstehung des

*) In der That, nach bekannten mechanischen Principien, wenn auf einen schon festen, im freien Raume schwebenden Körper ein Impuls geäussert wird, dessen Richtung nicht durch den Schwerpunkt

festen Zustandes die einzelnen Theilchen eine Bewegung nach den verschiedensten Richtungen zwischen einander, durch und um einander nur mit Erhaltung der Lage des gemeinsamen Schwerpunkts und im Ganzen mit Vorwiegen einer gewissen Richtung hatten, wodurch sie nicht blos den Ort, sondern auch die Ordnung spontan und continuirlich änderten, was wir als unterscheidenden Charakter des organischen Zustandes vom unorganischen erkannt haben, und wonach die ganze Erde von vorn herein unter den Gesichtspunkt eines einzigen Organismus ohne Einmischung unorganischer Zustände tritt.

Man kann sich diese Verhältnisse bis zu gewissen Grenzen dadurch erläutern und zugleich der Triftigkeit der vorigen Betrachtungen dadurch versichern, dass man von der Erde als blos einem Theile des Planetensystems auf das ganze Planetensystem zurückblickt, indem das Spiel, was wir den Theilchen der Erdmasse unter dem Einflusse der Gravitation und ursprünglicher Impulse vor dem Festwerden durch Molecularanziehungen zuschrieben, sich noch heute zwischen den nicht durch solche Anziehungen an einander gefesselten Massen des Planetensystems vollzieht, so-

---

geht, so nimmt er eine Bewegung an, welche sich zusammensetzt aus einer Rotation des Körpers um eine durch den Schwerpunkt gehende Axe und eine Fortbewegung des Schwerpunkts in Richtung des Impulses. Dieser Impuls nun wird bei der Erdmasse im Moment des Festwerdens durch eine Resultante der Impulse, welche auf alle einzelne Theilchen besonders geäussert sind, vertreten. — Dass die Umläufe und Rotationen aller Planeten in demselben Sinne gehen, kann freilich nicht nach diesem Princip erklärt werden, indem die Einrichtung darauf schon durch eine gegenseitige Abhängigkeit der Theilchen zu der Zeit geschehen sein musste, als die ganze Masse des Planetensystems noch ungetrennt einen ungeheuren Ball bildete, in dem wegen der Entfernung der Theilchen von einander kein Festwerden durch Molecularanziehungen stattfand. Aber unstreitig wird in einem System von Theilchen, welche nur der Gravitation unterliegen, schon durch das Princip der Tendenz zur Stabilität eine Tendenz zur Bewegung in gleichem Sinne begründet und diese durch das spätere Erstarren der einzelnen Weltkörper mittels Molecularanziehungen nur endgültig vollendet und fixirt.

fern noch jetzt alle Planeten sich bezüglich einander um den Schwerpunkt des ganzen Systems wahrhaft kosmorganisch in freien Bahnen von verschiedener Weite, Form (Excentricität) und Umlaufszeit bewegen, wovon wir ja schon früher Anlass zur Erläuterung des organischen Zustandes überhaupt nahmen, mit der hier zu wiederholenden Bemerkung, dass, während das Massenübergewicht der Sonne alle Planetenbewegungen auf wenig gestörte Ellipsen reducirt, eine solche Beschränkung für die Theilchen der Erde eben so wenig als noch heute für die Theilchen eines organischen Moleculs stattfindet, so dass man den Theilchen der Erde von vorn herein viel verwickeltere Bewegungen bezüglich des Schwerpunkts und bezüglich einander beilegen kann, als sich zwischen den Massen des Planetensystems finden.

Hiezu fügt sich noch die Erinnerung, dass ausser der Verschiedenheit der übrigen Bewegungsverhältnisse auch eine verschiedene Neigung der Bahnebenen gegen die Ekliptik und eine verschiedene Neigung der Rotationsaxen für die verschiedenen Planeten besteht, was direct beweist, dass auch die ursprünglichen Impulse für die verschiedenen Massen des Planetensystems nicht gleichgerichtet waren. Waren sie aber für die verschiedenen Massen des Systems nicht gleichgerichtet, warum sollten sie für die verschiedenen Theilchen der Massen, darunter der Erde, gleichgerichtet gewesen sein. Dächte man sich anderseits zwischen den gesammten Massen des Planetensystems eben so feste Verbindungen hergestellt, als schliesslich zwischen den Theilchen der Erde zu Stande gekommen ist, dächte man alle durch ein System fester Balken verbunden, so würden sich auch alle verschiedenartigen Fortschrittsbewegungen und Rotationen der Massen eben so in eine überereinstimmende Rotationsbewegung des ganzen Systems um eine Axe verwandeln, als es mit den Theilchen der Erde der Fall gewesen ist.

Hienach dürfte man für den Bestand der ursprünglichen kosmorganischen Bewegungen in der Erdmasse alle erwünschten theoretischen und factischen Unterlagen haben.

Gehen wir nun von dem Zustande der Erde aus, wo diese Bewegungen noch frei und durch keine andere Kraft als die Gravitation sammt der Beharrung bestimmt waren, so änderte sich dieser Zustand nach Maassgabe, als sich die Masse der Erde mehr zusammenzog, hiemit die molecularen Kräfte wirksam zu werden anfingen, und setzten sich nach bekannten Folgerungen des Gesetzes der Erhaltung der Kraft die grossen kosmorganischen Bewegungen in kleinere moleculare um, was als der gemeinsame Quell der Wärmeschwingungen in den unorganischen Moleculen und der molecular-organischen in den organischen anzusehen. Nun sind letztere Bewegungen nicht minder als erstere bei den Wärmeerscheinungen in Anschlag zu bringen; molecular-organische Zustände aber können nach Erfahrung bei zu hoher Temperatur weder entstehen noch bestehen, und hierin scheint für den ersten Anblick eine wichtige Schwierigkeit zu liegen. In der That, wenn man sich, wie allgemein geschieht, vorstellt, dass die ganze Erdmasse zu irgend einer Zeit in glühend flüssigem Zustande war, so konnten sich dabei nicht nur keine molecular-organischen Zustände bilden, sondern mussten, wenn sie vorher zu Stande gekommen sein sollten, wieder zerstört werden, ohne nach unsern eigenen Principien aus einer total unorganischen Erde wieder herausgeboren werden zu können. Aber meines Erachtens macht man sich diese Schwierigkeit nicht nur unnöthiger-, sondern auch ungerechtfertigterweise*).

---

*) Da es eine, für Thermometer und Gefühl spürbare Hitze ist, welche vom molecular-organischen Zustande nicht ohne Zerstörung vertragen wird, so handelt es sich im Folgenden auch wesentlich um solche Hitze. Man kann sich aber einen grossen Raum denken, in welchem nur wenige Theilchen mit äusserster Raschheit schwingen; dann würde man diesen Theilchen eine sehr starke Hitze beizulegen haben, indess der betreffende Raum selbst doch im Ganzen als kalt anzusehen und jene Hitze von einem in den Raum gebrachten Thermo-

Zuvörderst scheint mir ein eigener Widerspruch darin zu liegen, dass man gewohnt ist, die Erde in ihren ausgedehnten Urzustand durch Hitze versetzt und von der andern Seite die Hitze erst durch Verdichtung der Masse entstanden zu denken. Zu Letzterem hat man Grund, für Ersteren weiss ich keinen aufzufinden, abstrahire also zunächst davon. Nun war es unstreitig der Schwerpunkt der Masse, um welchen herum die Verdichtung zuerst den zur Verwandlung der kosmorganischen Bewegungen in kleinere moleculare hinreichenden Grad erlangte, und der ganze Wandlungsprocess schritt von da nach dem Umfange fort, womit im Zusammenhange die Temperatur von Anfang herein um den Schwerpunkt am grössten sein und von da nach dem Umfange zu abnehmen musste. War nun auch schon der Kern der Erde durch seine Verdichtung in glühendem Flusse, so konnten kosmorganische Zustände darüber so lange fortbestehen, bis die Temperatur des Kernes sich durch Ausstrahlung so weit erniedrigt hatte, dass die Bildung molecular-organischer Zustände oberhalb desselben ohne Zerstörung durch dessen Hitze eintreten konnte, indess die geringere Verdichtung und stärkere Ausstrahlung nach dem Umfange zu von anderer Seite die Bildung solcher Zustände gestattete. Oder anders ausgedrückt: die Bildung molecular-organischer Zustände erscheint von dem Zeit- und Raumpunkte an möglich, wo der Ueberschuss der Erwärmung, die durch die Verdichtung kosmorganischer Massen zu molecular-organischen entstehen musste, über die Ausstrahlung nicht grösser war, als sich mit dem Bestande solcher Massen vertrug.

In einfachster Weise könnte man sich den ganzen Vorgang so denken, dass die Umwandlung der kosmorganischen Bewegungen in moleculare überall durch den molecularorganischen Zustand durchging. Selbst um den Schwerpunkt herum konnte nämlich die Verdichtung und mithin Erhitzung

---

meter oder Organismus wenig gespürt wurde. Also gilt es in der That hier einen Unterschied zu machen.

von Anfang herein klein genug sein, um die Bildung und den Bestand molecular-organischer Zustände zu gestatten, indess darüber der kosmorganische Zustand noch fortbestand. Bei zunehmender Verdichtung aber verbrannte so zu sagen die um den Schwerpunkt zuerst gebildete molecular-organische Masse und schritt deren Bildung aus kosmorganischer Masse weiter nach dem Umfange fort. Indem aber die Verdichtung und hiemit Erhitzung in derselben Richtung fortschritt und die neu gebildete molecular-organische Masse immer von Neuem zerstörte, ist zuletzt die ganze successiv aus dem kosmorganischen Zustande hervorgegangene molecular-organische Masse bis auf den kleinen Rest verbrannt, der sich in seiner Nachkommenschaft noch auf der Oberfläche der Erde erhält, und dessen schliesslicher Fortbestand in schon besprochener Weise dadurch ermöglicht wurde, dass die Erhitzung mit der Ausstrahlung sich hinreichend dazu ausglich.

Inzwischen würde letztere Vorstellungsweise voraussetzen, dass überhaupt alle Materie der Erde nicht nur fähig war, molecular-organische Zustände einzugehen, sondern auch genöthigt, durch dieselben zum unorganischen Zustande hindurchzugehen, was man Beides bezweifeln kann *). Sehr möglich, dass unorganische Molecularzustände sich, wenn nicht früher doch zugleich mit organischen aus kosmorganischen herausgebildet haben. Es zu entscheiden aber haben wir keine hinreichenden Kenntnisse und es muss genug sein, gezeigt zu haben, dass es überhaupt Vorstellungswege giebt, welche die Bildung und den definitiven Bestand molecular-organischer Zustände auf der Erdoberfläche möglich und mit allgemeinen Principien vereinbar erscheinen lassen.

*) Dass jetzt viele Stoffe, als Gold, Platin, Iridium u. s. w., nicht mehr in Organismen gefunden werden, würde doch nicht nothwendig ausschliessen, dass sie aus dem kosmorganischen System ihren Durchgang durch molecular-organische Zustände in den unorganischen Zustand genommen, da die Rückkehr aus diesem in jene mittels Assimilation durch vorhandene Organismen schwieriger sein kann als jener Durchgang.

Auch lassen sich in dieser Beziehung wohl noch Modificationen der vorigen Vorstellungsweisen denken.

Im Vorigen ist nämlich vorausgesetzt, dass ein Gluthzustand der Materie erst nach Uebergang der kosmorganischen Bewegungen in molecular-unorganische eintreten könne; und so lange sich die Theilchen blos unter dem Einflusse der Gravitation kosmorganisch bewegen, ohne dass moleculare Kräfte zwischen ihnen merkbar werden, der Zustand des Systems kalt und finster sei. Ich finde aber keine bindende Nothwendigkeit zu dieser Voraussetzung. Sollte nun das System der Erde schon in seinem kosmorganischen Zustande insofern als glühend zu fassen sein, als es Licht und Hitze durch den Aether fortpflanzte *), so würde man mit einiger Abänderung des vorigen Ganges der Betrachtung doch wesentlich zu demselben Resultate kommen. Die Hitze müsste mit fortschreitender Zusammenziehung und Verdichtung der Masse zunehmen, dabei mehr und mehr kosmorganische Masse sich in molecular-unorganische glühend flüssige und gasförmige verwandeln, der Rest der kosmorganischen Masse aber von dem Zeitpunkt und Raumpunkt an beginnen mit molecular-unorganischer Masse auch molecular-organische herzugeben, wo der Conflict der Abkühlung durch Ausstrahlung am Umfange des Systems mit der Erhitzung durch fortschreitende Verdichtung dies gestattet.

Kurz, die molecular-organischen Zustände werden sich, nach Ausscheidung der unorganischen Hauptmasse bei einer zum Bestande molecular-organischer Zustände zu hohen Temperatur, aus dem schliesslich dazu hinreichend erkalteten letzten Rest der kosmorganischen Masse herausbilden **).

---

*) Die hier als möglich statuirte Annahme, dass die Erde von vorn herein in ihrem ausgedehnten kosmorganischen Zustande Licht und Hitze ausstrahlte, ist nicht mit der oben abgelehnten Annahme zu verwechseln, dass sie durch Hitze in diesen Zustand versetzt war.

**) Wenn man sich fragt, in welchem Zustande die fernen Lichtnebel am Himmel, welche man für in Bildung begriffene Weltsysteme hält, sich befinden mögen, so kann man sich bei der Annahme, dass

Dabei hat man zu berücksichtigen, dass die Unfähigkeit molecular-organischer Masse, in glühendem Zustande zu bestehen, in der That keineswegs zugleich als Unmöglichkeit zu fassen ist, sich aus glühender kosmorganischer Masse durch deren Erkalten zu bilden.

Der wesentliche Unterschied beider Vorstellungsweisen, der vorigen und jetzigen, ist dieser: nach der vorigen ist der kosmorganische Zustand von vorn herein dunkel und kalt, und die Entstehung und der Fortbestand der molecular-organischen Zustände am Umfange der Erde wird dadurch möglich, dass hier die Verdichtung und Hitze bei der Umwandlung des kosmorganischen Zustandes in moleculare Zustände nicht bis zur Zerstörung des molecular-organischen Zustandes gedeiht. Nach der jetzigen ist der kosmorganische Zustand von vorn herein licht und heiss; die kosmorganische Materie erkaltet aber am Umfange der Erde vor Umsetzung in molecularen Zustand erst so weit, dass ein molecular-organischer Bestand möglich wird.

Ob so oder so oder in noch anders modificirter Weise, wer weiss es; es ist aber auch nicht zu wissen nöthig, so lange es sich blos um mögliche Wege, die angegebene Schwierigkeit zu beseitigen, handelt. Uebrigens liess sich wohl schon früher daran denken, dass am Umfange des irdischen Systems in Berührung und Nachbarschaft seiner Materie mit dem kalten Planetenraum nicht die gleichen Bedingungen der Erhitzung bestehen konnten, als für den Kern der Erde; nur für den Umfang der Erde aber bedarf es der Annahme einer hinreichend niedrigen Temperatur, um die Entstehung und den Bestand des organischen Reiches auf der Erde mög-

kosmorganisch bewegte Theilchen durch den Aether des Himmelsraums Licht und Wärme fortzupflanzen vermögen, denken, dass die Lichtnebel blos aus solchen Theilchen bestehen; im Fall man aber blos molecular-unorganischen Theilchen dies Vermögen zuschreibt, auch ein Gemisch von kosmorganischen Theilchen mit in glühendem Zustande ausgeschiedenen und dadurch die Nebel leuchtend machenden Theilchen darin sehen.

lich zu finden, wobei es nichts verschlägt, dass wir uns den primitiven Zustand desselben ganz anders vorzustellen haben, als den, der im Fortschritt der Zeiten daraus hervorgegangen ist. Eine gewaltige Veränderlichkeit des organischen Reiches im Gange der Zeiten ist ja ohnehin allgemein zugestanden, ja ihre Annahme gehört zu den Grundbestimmungen der Descendenztheorie.

Natürlicherweise erstreckt sich die Unsicherheit in Betreff der Weise, wie die erste Entstehung molecular-organischer Zustände vorzustellen, auch auf die Weise, wie die ersten Fortschritte in Entwickelung derselben vorzustellen, eine Unsicherheit, die um so mehr wächst, je mehr man ins Specielle zu gehen versucht. Indess hängen doch mit dem kosmorganischen Ursprunge der molecular-organischen Zustände manche Folgerungen zu wesentlich zusammen, um nicht mit einem entsprechenden Grade der Sicherheit oder doch Wahrscheinlichkeit ausgesprochen werden zu dürfen, führen aber damit zu Vorstellungsweisen, welche von den jetzt über dieselben Verhältnisse herrschenden sehr abweichen, natürlich, weil ihr Ausgangspunkt ein ganz verschiedener ist. Da inzwischen die Ansicht vom kosmorganischen Ursprunge der irdischen Organismen doch auch vorerst nur als Hypothese gelten kann, und die folgens daraus zu ziehenden Folgerungen nicht alle mit strenger Nothwendigkeit daraus folgen, so biete ich das, was die folgenden Abschnitte in dieser Hinsicht enthalten, zunächst auch nur als m ö g l i c h e und w a h r s c h e i n l i c h e Modificationen der herrschenden Ansichten einer weiteren Prüfung Sachverständiger dar.

Zusatz.

Gemeinhin betrachtet man die ursprünglichen Impulse, um die es sich hier gehandelt hat, als räthselhafte, so zu sagen ausserweltliche Ursachen uranfänglicher Bewegung, welche mit den der Materie eigenthümlichen Kräften nichts zu schaffen haben, sondern denselben ursprünglich zugefügt sind, um durch Ablenkung aus der Richtung derselben das Zusammengehen aller Materie in gerader Richtung nach dem gemeinsamen Schwerpunkt und dadurch die

Erstarrung der Welt zu hindern. Ja man hat selbst in der Nothwendigkeit der Annahme solcher ursprünglichen Impulse einen Beweis gesucht, dass zu den physischen Kräften, welche die Welt bewegen, ein hyperphysisches Princip zu statuiren sei. Meines Erachtens aber lässt sich die Sache sehr anders fassen, und es sollte mich sehr wundern, wenn sie nicht irgendwo schon so gefasst wäre. Dass ohne ursprüngliche, der Natur der materiellen Kräfte fremdartige, Impulse alle Materie eines der Gravitation unterliegenden Systems sich in gerader Linie nach dem Schwerpunkte des Systems bewegen müsse, kann doch, so weit ich es übersehe, blos für ganz particuläre Voraussetzungen als gültig angesehen werden, die man gewöhnlich stillschweigend vor Augen zu haben scheint, als namentlich 1) dass das System blos aus zwei Punkten oder in ihrem Schwerpunkt vereinigt gedachten Massen besteht, oder allgemeiner, alle Punkte innerhalb einer und derselben geraden Linie liegen; 2) dass die ganze Materie des Systems von vorn herein mit gleichförmiger Dichtigkeit in einem kugelförmigen Raume enthalten ist. Auch mag es Fälle symmetrischer Anordnung der Theilchen geben, welche die Bedingung einer geradlinigen Bewegung derselben nach dem gemeinsamen Schwerpunkt enthalten. In allen andern Fällen aber darf man annehmen, dass die Richtung der Theilchen nach dem gemeinsamen Schwerpunkt durch ihre gegenseitige Anziehung Seitenablenkungen erfährt, durch welche sich die sog. ursprünglichen Impulse vertreten lassen. Nur dass das Gesetz der Erhaltung des Schwerpunktes und der Flächen dabei immer gewahrt bleiben muss. Um wenigstens ein paar Beispiele zu geben, in welchen die Abweichung von der Richtung der Theilchen nach dem Schwerpunkt unter dem blossen Einflusse der Gravitation evident wird, so denke man sich zwei sehr schwere Theilchen oder zwei Massen, die sich in ihrem Schwerpunkte concentrirt denken lassen, so wird der gemeinsame Schwerpunkt beider auf der Verbindungslinie derselben liegen, und beide Massen für sich betrachtet werden diesem Schwerpunkt in gerader Richtung zustreben. Sei nun aber ein drittes Theilchen ganz in der Nähe einer der beiden Hauptmassen gegeben, indess diese sehr weit von einander entfernt sind, und die Masse des Theilchens verschwindend klein gegen die der Hauptmassen. Dann wird der gemeinsame Schwerpunkt des ganzen Systems immer noch merklich genau auf der Verbindungslinie beider Hauptmassen liegen, das kleine Theilchen in der Nähe einer der beiden Hauptmassen aber, seitlich von derselben vorgestellt, wird sich bei so grosser Entfernung der andern Hauptmasse, dass deren anziehende Wirkung gegen die der nähern verschwindet, offenbar nicht nach dem gemeinsamen Schwerpunkt beider, welcher zugleich der des Systems ist, sondern nach der nähern Hauptmasse hinbewegen, als wenn sie einen ablenkenden Impuls von der Richtung nach dem gemeinsamen Schwerpunkt erfahren hätte. Ja fände sich das Theilchen auf der Verbindungslinie beider Massen zwischen denselben, so würde es sogar in der gerade entgegengesetzten Richtung als nach dem gemeinsamen Schwerpunkt hin sich nach der ihm nahen Masse hinbewegen.

Oder denken wir uns ein sehr verlängertes Dreieck von sehr kleiner Basis und an jeder Ecke des Dreiecks eine anziehende Masse befindlich. Selbst wenn alle drei Massen einander gleich sind und das Dreieck gleichschenklig, also zweiseitig symmetrisch ist, werden die beiden einander sehr nahen Massen an den Endpunkten der kleinen Dreiecksbasis sich vielmehr in der Richtung gegen einander als nach dem gemeinsamen Schwerpunkt des Systems, der in einer durch die Mitte der Basis gezogenen Senkrechten zu suchen ist, bewegen müssen.

Oder, um noch eines Beispiels zu gedenken, sei eine mit Materie gleichförmig erfüllte Kugelschale von constanter Dicke gegeben. Der Schwerpunkt der Masse wird in der Mitte des Hohlraums liegen. Sei ferner ein Theilchen irgendwo innerhalb dieses Hohlraums gegeben, dessen Masse gegen die Gesammtmasse verschwindend klein ist, so dass der Schwerpunkt des ganzen Systems dadurch nicht merklich aus dem Kugelmittelpunkte verrückt wird. Nach einem hinlänglich bekannten Satze compensiren sich für das Theilchen, wo es sich auch innerhalb des Hohlraums befinde, die Anziehungen nach allen Seiten in der Art, dass es so gut ist, als wenn es gar keiner Anziehung unterläge und ohne anderweiten Impuls ruhig bleibt. Nun aber stelle man sich die Masse der Kugelschale an irgend einer Stelle verdichtet oder in einen Fortsatz auslaufend vor, so wird das Theilchen sich geradehin nach der verdichteten Stelle oder nach dem Fortsatze hin bewegen, sofern die Wirkung der übrigen Masse darauf nicht spürbar ist, nicht aber nach dem durch die locale Verdichtung oder den Fortsatz nur etwas verrückten Schwerpunkt des Systems, ausgenommen in dem besonderen Falle, dass der verrückte Schwerpunkt in der Bahnlinie dieser Bewegung selbst enthalten wäre.

Wenn unsere Erde, statt sich in gerader Linie nach dem Schwerpunkt des Planetensystems hin zu bewegen, denselben in elliptischer Bahn umkreist, so kann der dazu erforderliche seitlich ablenkende Impuls theils durch die Anziehung der andern Planeten, theils selbst andrer Sonnensysteme, mit denen unser System in seinem ausgedehnten Urzustande in näherer Beziehung stand als jetzt, repräsentirt gedacht werden.

Hiernach meine ich, dass die Bewegung jedes Theilchens des kosmorganischen Systems unter dem Einflusse der Gravitation sich überhaupt in zwei Theile zerlegen lässt, den einen, der nach dem Schwerpunkte des Systems gerichtet ist, und einen andern, welcher irgend seitlich dagegen gerichtet ist und den ursprünglichen ablenkenden Impuls, den man zu supponiren pflegt, vertritt, der aber hienach nicht als ein nur ein- für allemal ertheilter und hienach in Ewigkeit fortwirkender, sondern mit der durch die Bewegung der Theilchen sich ändernden Anordnung sich ändernder zu betrachten. Auch leuchtet ein, dass wir, wenn wir die Theilchen des kosmorganischen Systems anfangs in regelloser Anordnung vorstellen, wie in der That von uns geschieht, nicht noch einer besonderen Voraussetzung bedürfen, um die Regellosigkeit der von der Schwere ablenkenden Impulse der Theilchen zu erklären oder zu begründen, da sie eine nothwendige Folge jener regellosen Anordnung ist.

Obwohl ich diese Auffassung der sog. ursprünglichen Impulse für triftiger halte, als die hergebrachte, habe ich es doch nicht nöthig gehalten, damit in den Haupttext einzugehen, da sie für die hier in Betracht kommenden Verhältnisse zu keinen anderen Folgerungen führt, als die hergebrachte, auf die Bezug zu nehmen den Vortheil hatte, eine Complication der Betrachtung zu ersparen.

VI.

Princip der bezugsweisen Differenzirung.

Im Allgemeinen erklärt man die Entstehung neuer und verschiedenartiger Geschöpfe im Wege der Abstammung aus früheren Geschöpfen dadurch, dass die Elterngeschöpfe nach Massgabe als die Entwickelung des irdischen Reiches fortschritt und die Verhältnisse desselben sich neu gestalteten und vermannichfachten, auch demgemäss abgeänderte Einflüsse erfuhren, hienach nicht nur selbst ihre Organisation mannichfach abänderten, sondern auch mannichfach abgeänderte, mithin zu neuen Organismen sich entwickelnde, Keime von sich abspalteten, hievon aber nach dem Principe des Kampfes um das Dasein die günstigst organisirten und den Aussenverhältnissen am besten angepassten die anderen verdrängten, das Feld behielten und ihre Eigenthümlichkeiten auf die Nachkommen vererbten. Die Einflüsse, wodurch die Organismen abgeändert werden, beruhen auf Wirkungen der allgemeinen Naturkräfte, die an sich zwecklos ohne angebbares Princip, wohin sie zielen, hienach mit dem Charakter zufälligen Wirkens, ein Spiel treiben, was nur dadurch den Charakter der Zweckmässigkeit erhält, dass die nicht bestandfähigen Folgen dieses Spieles gegen die bestandfähigen den kürzeren ziehen und diesen den Platz lassen. Kurz die drei Principe der Veränderlichkeit der Organismen durch unbestimmbare an sich zwecklos wirkende Naturkräfte, des Kampfes der veränderten Organismen um das Dasein mit dem Siege der am vortheilhaftesten veränderten und der sich immer mehr fixirenden Vererbung ihrer Eigenschaften gelten als die zureichenden Hebel der Entwickelung des organischen Reiches von einfachen Anfängen aus zur heutigen Mannichfaltigkeit; und man bezeichnet diese Entwickelung als natürliche oder künstliche Züchtung, Zuchtwahl, je nachdem obige Hebel durch die Natur ohne absichtliches Zuthun des Menschen oder mit Hülfe von solchem in Wirkung treten.

Nun zeigen sich diese Principe auch heute noch in Gestaltung und Erhaltung der Verhältnisse der organischen Welt wirksam und wird sich gegen den allgemeinen Gesichtspunkt, sie hienach auch für die Entwickelung der organischen Welt bis zum heutigen Bestande in Anspruch zu nehmen, nichts Erhebliches einwenden lassen, um nicht zu mystischen Gründen seine Zuflucht nehmen zu müssen; aber aus demselben Gesichtspunkte scheint mir zu den vorigen Principen ein anderes nicht nur zuzuziehen, sondern dem Principe des Kampfes um das Dasein noch überzuordnen, das Princip einer Abhängigkeit der Existenzbedingungen der organischen Geschöpfe von einander und demgemässen Ergänzung durch einander, was auf ein entsprechendes Uebergewicht in den Entstehungsbedingungen hinweist. Nun sucht man freilich dies Princip selbst nur als secundären Erfolg der natürlichen Züchtung nach den angegebenen drei andern Principen etwa wie folgt darzustellen: diejenigen Organismen werden zusammen fortbestehen, welche sich so abgeändert haben, dass sie am besten zusammen bestehen können; die andern werden eingehen; hiemit bleiben nur die zusammenpassenden übrig, ohne dass von vorn herein Bedingungen für das Zusammenpassen gegeben waren. Und man muss zugestehen, dass im Ausgange von der Ansicht eines unorganischen Ursprungs der Organismen auf keine andere Ansicht zu kommen war.

Hiegegen führt die Ansicht vom kosmorganischen Ursprunge der Organismen eben so natürlich zu einer andern Auffassung, die den Blick auf einen einheitlichen Entwickelungsplan der Organismen eröffnet, der sich nach voriger Auffassung so zu sagen stückweis aus unzähligen zufälligen Einzelheiten zusammensetzt. Ausserdem lässt die vorige Auffassung bei genauerer Erwägung Schwierigkeiten ungehoben, die der oberflächlichen Betrachtung entgehen mögen, bei unserer Auffassung aber überhaupt wegfallen.

Man sagt: der Egoismus sei das Princip der Welt, und so kämpfe Jeder um sein Leben mit dem Andern; in der That aber ist der Egoismus nur das Princip der Einzelnen, worüber ein die Gesammtheit aller Einzelnen bindendes Princip, will man so, der höhere Egoismus des Systems der Einzelnen herrschend greift. So sage ich; aber die bisherige Descendenzlehre, mindestens in ihren entschiedensten Vertretern, leugnet eben das Dasein eines solchen Principes. Man sieht, mit allgemeinen Phrasen für und wider wird überhaupt in diesem Felde nichts auszurichten sein; also sehen wir lieber den factischen Verhältnissen direct ins Auge.

Ich meine doch zuvörderst, factisch spielt in den Verhältnissen der Jetztwelt das Princip des Kampfes um das Dasein, das heisst um die Existenzbedingungen, eine so untergeordnete Rolle gegen das Princip einer Abhängigkeit der Existenzbedingungen der organischen Geschöpfe von einander und Ergänzung zu einander, dass es von vorn herein bedenklich erscheinen muss, ihm die übergeordnete Rolle in der Entwickelung der jetzigen Existenzbedingungen beizulegen. Ehe wir aber eine andere Vorstellung dafür zu substituiren suchen, sehen wir uns die Verhältnisse der Gegenwart in dieser Hinsicht an. Kann wohl das Princip des Kampfes um das Dasein als das jetzt herrschende im Verhältnisse zwischen Thier- und Pflanzenreich gelten? Ist nicht vielmehr das Thierreich mit seiner Existenz völlig auf das Pflanzenreich angewiesen? Wohl besteht zwischen beiden insofern ein Kampf, als die Pflanzen von den Thieren gefressen werden, und wo ein Baum steht, nicht zugleich ein Thier stehen kann; aber anstatt dass die Thiere als höher entwickelte Organismen die Pflanzen verdrängen, um ihre Stelle einzunehmen, beschränken beide nur die Ausbreitung ihres Daseins wechselseitig so weit, dass beider Fortexistenz möglichst gesichert bleibt; denn sollten die Thiere alle Pflanzen zerstören, so würden sie damit die Bedingungen ihrer eigenen Fortexistenz zerstören, und sollte es keine Thiere mehr geben, so würden den Pflanzen die Kohlensäure, welche die Thiere ausathmen, der Dünger, welchen sie fallen lassen, und die Hülfe, welche sie von den Insecten bei der Befruchtung erfahren, fehlen.

Auch im Thierreich werden die Pflanzenfresser von den Fleischfressern im Kampfe um das Dasein nicht verdrängt, sondern blos vor einer so übermässigen Verbreitung, dass sie sich wechselseitig die Nahrung verkümmern würden, gehindert, indess der Ueberfluss den Fleischfressern zur Nahrung dient. Die Menschen führen Krieg mit einander, aber nur mitunter, indess sie in der Hauptsache und beständig zu ihrer Forterhaltung, Fortpflanzung und Fortentwickelung auf einander angewiesen sind. Es ist wahr, die cultivirten Nationen verdrängen allmälig die rohen, die grösseren Raubthiere werden allmälig von den Menschen ausgerottet, cultivirte Saaten aus wenigen Species von Gewächsen treten an die Stelle mannichfachen Unkrauts, und überall verdrängen im Kampfe um das Dasein vollkommenere oder den Umständen vollkommener angepasste Exemplare einer Species die unvollkommeneren oder weniger angepassten, und behält der Kampf um das Dasein in dieser Hinsicht grosse Wichtigkeit; aber diese Wichtigkeit überbietet doch nicht die des Ergänzungsverhältnisses, das sich von anderer Seite geltend macht, und wie vermöchte man in Beispielen folgender Art das letztere als secundären Erfolg des ersten nach den Principien der bisherigen Züchtungslehre darzustellen.

Nehmen wir das Ergänzungsverhältniss der zwei Geschlechter. Wenn ich nicht irre, steht für die bisherige Züchtungslehre nur folgender Weg offen, seine Entstehung zu erklären. Anfangs gab es nur geschlechtslose oder beide Geschlechter in sich vereinigende Geschöpfe. Durch irgend welche Zufälligkeiten — denn umsonst suche ich in der bisherigen Züchtungslehre nach einem andern Princip der Wirkungsweise der Kräfte, als dass von den möglichen Wirkungsweisen derselben irgendwo und irgendwann diese oder jene eintreten — änderte sich die Organisation eines gegebenen Thier-Individuum so ab, dass es einen männlichen Charakter annahm, mithin sich nicht mehr durch sich selbst fortpflanzen konnte. Durch andre dergleichen Zufälligkeiten änderte sich die Organisation eines andern Individuum derselben Species so ab, dass es einen weiblichen Charakter annahm, mithin sich nicht mehr durch sich selber fortpflanzen konnte. Zufällig waren diese Veränderungen so beschaffen, dass doch durch Begattung beider Individuen eine Fortpflanzung möglich war; auch traf zufällig die Bildung beider Geschlechtsindividuen an demselben Orte und in derselben Zeit zusammen; und indem sich diese Zufälligkeiten in ganz ähnlicher Weise durch das Thierreich wiederholten und ihre Erfolge durch Vererbung fortpflanzten, ist die jetzt durch die ganze obere Schicht des Thierreiches durchgreifende Verschiedenheit und Trennung der Geschlechter entstanden. Dass aber die Individuen mit getrennten Geschlechtern im Kampfe um das Dasein das Feld behielten, liegt in dem Vortheile, den ihnen die mit der Trennung der Geschlechter eingetretene Theilung der Arbeit beim Fortpflanzungsgeschäft und nach andern Beziehungen gewährt.

Bemerken wir nun, dass der Eintritt von Zufälligkeiten, wodurch geschlechtslose Individuen sich in geschlechtlich differente verwandeln, an sich nicht zu den wahrscheinlichen in der Wirkungssphäre der Kräfte gehören kann, da wir jetzt keine Zufälligkeiten mehr eintreten sehen, wodurch eine solche Verwandlung an den unzähligen geschlechtslosen Species von Geschöpfen, die es noch giebt, erfolgte, und bemerken wir dazu, dass in den Principien der bisherigen Züchtungslehre vollends nichts liegt, was die gleichzeitige und an dieselbe Localität sich knüpfende Entstehung zweier sich ergänzender Geschlechtsindividuen auch nur einer einzigen Species, geschweige durch das ganze Thierreich mit dem geringsten Grade von Wahrscheinlichkeit behaftet erscheinen liesse. Im Gegentheil sollte man zur Entstehung der beiden verschiedenartigen Geschlechtsindividuen verschiedenerlei einwirkende Umstände, also verschiedene Zeiten und Orte erwarten. Und was gewinnt man nun damit, Millionen oder Milliarden Jahre in Anspruch zu nehmen, um das zufällige Zusammentreffen solcher Umstände doch einmal und wieder einmal hier und da möglich zu finden, als dass man die allerunwahrscheinlichste Ansicht doch nicht unmöglich erscheinen lässt, indess es sich vielmehr darum handelt, unter den möglichen Ansichten die wahrscheinlichste zu finden; wenn man nicht gar vielmehr dem Wirthe gleicht, der den Verlust, den er durch zu billigen Verkauf an jedem einzelnen Maasse Bier erlitt, durch die Menge der verkauften Maasse einzubringen meinte. In der That aber sollte man glauben, dass die Forterhaltung der geschlechtlichen Trennung im organischen Reiche nach solchen Principien, wenn selbst vermöge glücklicher Zufälligkeiten durch eine gewisse Zeit möglich, mit dem Wachsthum der Jahre immer unwahrscheinlicher werden müsste. Denn setzen wir auch, dass beide Geschlechtsindividuen sich zufällig um dieselbe Zeit im erforderlichen Ergänzungsverhältnisse gebildet hätten, so sieht man nicht ein, wiefern beide, die sich zur Fortpflanzung zusammenfinden mussten, günstiger dazu gestellt sein sollten, als das geschlechtlose oder beide Geschlechter in sich vereinigende Individuum, welches hiemit auch die Bedingungen der Fortpflanzung in sich vereinigte.

Hiegegen macht man die Vortheile der Arbeitstheilung geltend, welche durch die Trennung der Geschlechter zu Stande komme, und unstreitig giebt es solche Vortheile. Wenn aber die Arbeitstheilung irgend eines Geschäftes erst nur einseitig zu Stande kommen und auf den Zufall warten sollte, dass er die Ergänzung von der andern Seite zufüge, so würden die Vortheile sich in Nachtheile verkehren und das getheilte Geschäft eingehen, statt das ungetheilte zu verdrängen und sich auf die Nachkommen zu vererben; ich wüsste aber nicht, wie nach der bisherigen Züchtungslehre das Zustandekommen der Arbeitstheilung des Fortpflanzungsgeschäftes anders als in solcher Weise und mit solchem Erfolge zu denken wäre. Auch kommt die Arbeitstheilung in den Geschäften des äussern menschlichen Lebens niemals durch Zufälligkeiten sondern durch innere Entwickelungsbedingungen zu Stande; und so wird es auch unstreitig mit den Geschäften des inneren Lebens sein.

Dieselben Schwierigkeiten der bisherigen Züchtungslehre kehren nur in anderer Form bei folgendem Beispiele wieder. Viele Pflanzen sind auf eine Befruchtung unter Mithülfe gewisser Insecten angewiesen und diese Insecten gegentheils auf eine Befriedigung ihres Nahrungsbedürfnisses beim Acte dieser Hülfe.

Soll nun ein solches Verhältniss nach der bisherigen Züchtungslehre zu Stande gekommen gedacht werden, so hat die betreffende Pflanze aus unbekannten Ursachen ihre Organisation so abändern müssen, dass es eines betreffenden Insects zur Befruchtung bedurfte, und ein Thier hat aus eben so unbekannten Ursachen, welche principiell mit den bei der Pflanze wirksamen in gar keinem Zweckbezuge stehen, seine Organisation so abändern müssen, dass es seine Nahrung aus der betreffenden Pflanze unter Vollzug einer Beihülfe zur Befruchtung suchen musste. Die Pflanze und das Thier sollen nun im Kampfe um das Dasein mit ihren Verwandten, die sich nicht so vortheilhaft auf einander eingerichtet hatten, das Uebergewicht erhalten haben. Aber wenn sie nicht zugleich ihre Organisation mit Bezug zu einander in jener Weise abänderten, so kamen sie ja durch ihre Abänderung wieder in entschiedenen Nachtheil gegen ihre nicht abgeänderten Verwandten, weil sie die Ergänzung nicht fanden, welche sie brauchten, und blieben selbst, wenn sie dieselbe zu finden vermochten, dadurch in Nachtheil, dass sie dieselbe erst suchen mussten.

Was nun aber hier vom Ergänzungsverhältnisse in zwei specialen Beispielen gesagt ist, findet im Grunde mehr oder weniger auf alle Ergänzungsverhältnisse im organischen Reiche Anwendung. Ueberall begegnet man einer ungeheuern Schwierigkeit, das Ergänzungsverhältniss durch Anpassung der Organismen an einander in den zufälligen Wegen einer von einander unabhängigen Abänderung unter Zuziehung des Kampfes um das Dasein entstehen zu lassen, und wird sich dieser Schwierigkeit nur dadurch überheben können, dass man dafür die Ansicht eines örtlichen, zeitlichen und causalen Zusammenhanges der Entstehungsbedingungen der sich ergänzenden Organismen substituirt. Auch tritt eine solche mit dem gemeinsamen kosmorganischen Ursprunge der Geschöpfe in natürliche Beziehung und begreift selbst das Ergänzungsverhältniss des organischen und unorganischen Reiches mit unter sich.

In der That meine ich, dass von Anfange herein sich das kosmorganische Reich gleich in ein zusammengehöriges, zusammenhängendes und zusammenpassendes molecular-organisches und unorganisches differenzirte, indem der frühere einheitliche Bestand jenes Reiches sich in den Zusammenbestand beider, sich zur Ergänzung fodernden wie eine solche bietenden, Reiche nach dem alsbald zu besprechenden Principe auflöste; dass dann weiter das molecular-organische Reich sich, mit Hinterlassung eines der Differenzirung unfähigen Restes in den Pflanzenthieren, in ein zusammengehöriges und zusammenpassendes Thierreich und Pflanzenreich differenzirte, und innerhalb beider Reiche noch specialere Differenzirungen, darunter die der beiden Geschlechter, der Parasiten und ihrer Träger u. s. w. eintraten.

Hiebei verstehe ich gegenüber dem Falle der einfachen Spaltung einer Masse in mehrere Massen, die nur in Grösse und äusserer Form, aber nicht der innern Constitution oder dem Baue nach sich von der Ursprungsmasse und von einander unterscheiden, unter Differenzirung den Fall, dass eine Masse von einer gegebenen inneren Constitution sich sei es direct in Massen von ungleicher Constitution spaltet, welche ein Ergänzungsverhältniss zu einander behalten, oder die von ihr erzeugten Keime vor ihrer Abspaltung so spaltet, dass daraus Organismen im Ergänzungsverhältnisse hervorgehen, was ich kurz als Massendifferenzirung und Keimdifferenzirung unterscheide.

Nun spricht man schon in der bisherigen Züchtungslehre von Differenzirung insofern, als derselbe Organismus Nachkommen erzeugt, die durch zufällige Einflüsse nach dieser oder jener Richtung verschieden ausfallen oder im Laufe folgender Generationen sich verschieden entwickeln. Insofern aber hier von einer Differenzirung die Rede ist, wodurch aus einem Organismus Nachkommen hervorgehen, die, anstatt zufällig verschieden zu sein, in wesentlichem Ergänzungsverhältnisse zu einander verschieden sind, nenne ich diese Art der Differenzirung bezugsweise Differenzirung zum Unterschiede von jener, welche zufällige Differenzirung heissen kann, deren Thatsache nicht durch die Annahme von jener als aufgehoben sondern nur als ergänzt anzusehen ist.

Auch das Princip des Kampfes um das Dasein wird durch das Princip der bezugsweisen Differenzirung nicht ungültig, sondern wenn ersteres Princip nach der bisherigen

Züchtungslehre als Correctiv der schrankenlosen Variabilität der Organismen zur Hervorrufung eines zweckmässigen Bestandes der organischen Welt erscheint, so hat es nach der folgenden Auseinandersetzung auch für uns noch als Correctiv der bezugsweisen wie zufälligen Differenzirung zu gelten, nur dass es zu einer mehr secundären und untergeordneten Rolle herabgedrückt erscheint. Näher zugesehen ist nämlich das Verhältniss so zu fassen.

Um an die Entstehung der Geschöpfe aus Keimen, kurz Keimdifferenzirung, anzuknüpfen: wenn zwei verschiedenartige Geschöpfe dadurch entstehen, dass ein Keim vor seiner Abspaltung vom Muttergeschöpfe sich in zwei verschiedene Keime differenzirt hat, die sich demgemäss zu verschiedenen Geschöpfen entwickeln, so lässt sich leicht denken, dass sie aus ihrem ersten Zusammenbestande oder ihrer Verschmelzung gewisse Bedingungen eines stabeln organischen Wirkungszusammenhanges und gegenseitiger Ergänzung zu ihrer Forterhaltung und Entwickelung in den gesonderten Zustand mit hinübernehmen, indess aber in ihrer Trennung selbst die Nöthigung liegt, diese Bedingungen dahin zu vervollständigen, dass sie auch noch für den durch Zwischeneinschiebung von Theilen der Aussenwelt getrennten Zusammenbestand und die getrennte Fortentwickelung reichen. Jedenfalls sind Vorbedingungen der durch Differenzirung aus einem einheitlichen Ursprunge hervorgegangenen Geschöpfe in einer gegenseitigen Einrichtung beider auf einander gegeben, die nicht erst geschaffen, sondern eben nur ergänzt zu werden brauchen, um ein bezugsreiches Leben und eine bezugsweise Entwickelung der getrennten Organismen fortzuerhalten. Diese Ergänzung aber kann vollkommener und unvollkommener sein, und der Kampf um das Dasein wird nun seine wichtige Rolle darin spielen, dass er den am besten zusammenpassenden Ergänzungsgliedern das Uebergewicht verleiht, eine um so wichtigere, als nicht nur die direct aus der Differenzirung hervorgegangenen Ergänzungsglieder unter einander, sondern diese auch mit allen aus nebengeordneten Differenzirungen hervorgegangenen Gliedern und mit der unorganischen Aussenwelt sich in ein zusammenpassendes Verhältniss zu fügen und demgemäss abzuändern haben.

Inzwischen sieht man, dass dem Kampfe um das Dasein doch hienach viel weniger zu leisten überlassen bleibt, als nach der bisherigen Züchtungslehre; sofern er die Hauptbedingungen zum zweckmässigen Zusammenbestande nicht erst zu schaffen, sondern eben nur zu ergänzen hat.

Ich halte dafür, dass die successiv im irdischen System eingetretenen bezugsweisen Differenzirungen ebenso in der Uranlage des kosmorganischen Systems gelegen sind, als noch heute die Theilung einer Zelle in deren Anlage gelegen ist, nur dass diese noch äusserer Bedingungen der Ernährung dazu bedarf, deren das kosmorganische System nicht bedurfte. Ich setze voraus, ohne es freilich direct beweisen zu können, dass die successiven Differenzirungen im Sinne eines Fortschrittes zur Stabilität gelegen sind und aus allgemeinstem Gesichtspunkte ihre Erklärung darin zu suchen haben. In der That lässt sich denken, dass eine gegebene Organisation sich bis zu gewissen Grenzen durch innere Kräfte unter gegebenen Aussenbedingungen so abändern kann, dass ein Fortschritt zur Stabilität ohne Differenzirung stattfindet, im Laufe der Fortwirkung der inneren Kräfte und etwaiger Abänderung der Aussenbedingungen aber ein Punkt eintritt, wo mit Trennung dieser Organisation in zwei sich ergänzende Glieder mehr in dieser Hinsicht geleistet werden kann, als durch Abänderung der ganzen Organisation, und dass auch der Kampf um das Dasein nur den Erfolg hat, die instabeln organischen Verhältnisse zum Vortheil der stablern zu beseitigen.

Man darf gegen das vorige Princip nicht einwenden, dass wir das organische Reich jetzt nicht mehr im Wege desselben sich fortentwickeln sehen, da wir das organische Reich, abgesehen von den Erfolgen der hier nicht in Betracht kommenden künstlichen Züchtung, jetzt überhaupt nicht mehr sich fortentwickeln sehen. Doch musste es sich von ersten Anfängen aus bis heute fortentwickelt haben. Mag nun auch das Princip der bezugsweisen Differenzirung in voriger Aufstellungsweise blos als ein hypothetisches gelten, so scheint es mir doch nach voriger Darlegung eine nothwendige Ergänzung der andern Principe, wodurch die Descendenztheorie nicht minder im Wege der Hypothese die Fortentwickelung des organischen Reiches bis heute zu erklären sucht, ohne diese Fortentwickelung heute noch fortgehend zu finden.

Auch gewinnt unser Princip in Anwendung auf die Entfaltung des organischen Reiches in eine Mannichfaltigkeit von Organismen eine Unterstützung dadurch, dass jeder einzelne Organismus sich noch heute nach demselben Principe in eine Mannichfaltigkeit von Organen gliedert, nur mit dem Unterschiede, dass keine vollständige Trennung der differenzirten Theile stattfindet, und darum auch der Erfolg der Differenzirung keiner Correction durch einen entsprechenden Kampf der getrennten Theile um das Dasein bedarf, als sich für die Entwickelung des organischen Reiches nöthig macht; indess es in nur beschränkterem Sinne an einer derartigen Correction doch auch nicht ganz fehlt, sofern von schon entwickelten Organen oder Organtheilen vielfach einer auf Kosten des andern wächst und solchen wohl gar ganz verdrängt. Dieser Vorgang erscheint im Embryo der Zufälligkeit merklich entzogen, indess der Kampf um das Dasein in der Entwickelung des organischen Reiches als Correction von Unzweckmässigkeiten erscheint, welche durch die Differenzirung unter zufälligen Umständen zufällig hervortreten, ein Unterschied, der aber blos darin liegt, dass in der Entwickelung des Embryo einer gegebenen Species von Organismen durch die Vererbung immer dieselben Unzweckmässigkeiten bezüglich des Fortbestandes des Organismus und hienach auch dieselbe Correctionsweise sich wiederholt, während verschiedene Species in so mannichfach wechselnde Verhältnisse zur Aussenwelt und zu einander treten, dass die Unzweckmässigkeiten als zufällig erscheinen.

Wenn ich oben Klarheits halber Spaltung und Differenzirung, Massen- und Keim-Differenzirung unterschieden habe, so ist doch eben so wenig eine strenge begriffliche Grenze zwischen blosser Spaltung und Differenzirung, als zwischen Massen- und Keimdifferenzirung zu ziehen, indem durch immer geringere Unterschiede der getheilten Massen oder Keime von einander die Differenzirung sich in die blosse Spaltung verläuft, und nach Massgabe als ein Mutterkörper relativ zu sich selbst immer kleinere differente Keime von sich abspaltet, die Massendifferenzirung in die Keimdifferenzirung übergeht.

Wie und in welchem Verhältnisse zu einander sich nun überhaupt die Differenzirungen und Spaltungen der Geschöpfe im ganzen Entwickelungsgange des organischen Reiches vollzogen und Massen- und Keimdifferenzirungen combinirt oder einander abgelöst haben, darüber sind Vorstellungen bisher mehr Sache der Phantasie als eines sichern Schlusses. Nur sind wir jedenfalls gebunden anzunehmen, dass die Differenz der aus den Differenzirungen hervorgehenden Glieder im Laufe der Fortentwickelung des organischen Reiches immer mehr abgenommen hat, so dass sie jetzt nicht mehr bis zur Hervorrufung neuer von den Elterngeschöpfen und von einander wesentlich verschiedener Species reicht. Insbesondere muss man auch dahinstellen, wiefern die Differenzirungen gegebener Stufe sich mehr in zeitlich und räumlich zusammenhängenden Processen durch das ganze organische Reich oder in partiellen getrennten hier und da vollzogen haben; nur dass man aus allgemeinem Gesichtspunkte glauben kann, dass, je näher dem Ursprunge des organischen Reiches, so mehr sei das erste, je näher der Jetztzeit, so mehr das letzte der Fall gewesen.

In keinem Falle glaube ich, dass für den Gang der Differenzirung durch die ganze Ausdehnung und Succession des organischen Reiches sich je ein sehr einfaches Schema werde aufstellen lassen; weil die kosmorganischen Verhältnisse, wovon dieser Gang den Ausgang genommen, dazu unstreitig zu verwickelt und die verschiedenartigen Zustände zu unregelmässig vertheilt waren. Dass sie es aber von vorn herein waren, kann man aus ihren noch fortbestehenden Folgen schliessen; ja man hat die Unregelmässigkeit von Anfange herein viel grösser, mehr ins Elementare als jetzt reichend, anzunehmen, weil die von Anfange herein den ganzen Entwickelungsgang beherrschende Tendenz zur Stabilität allmälig eine Ordnung und Gliederung in diese Verhältnisse und Zustände gebracht hat, die früher nicht bestanden haben kann, ohne es doch damit zur Ausgleichung der klimatologischen und meteorologischen Unregelmässigkeiten zu bringen, die heute noch bestehen, und womit eben so grosse Unregelmässigkeiten in der Vertheilungsweise der organischen Geschöpfe zusammenhängen.

Was zwar die klimatologischen Verschiedenheiten betrifft, so haben dieselben erst merklich werden können, als die innere Erdwärme nicht mehr den Hauptantheil an der Erwärmung der Oberfläche, auf der die Organismen leben, hatte, und die dichte Nebelhülle, welche früher über Land und Meer liegen mochte, der Heiterkeit des Himmels Platz machte, und unstreitig traten hiemit auch Aenderungen in der organischen Welt ein. Aber hievon hätten wir blos regelmässig geordnete und regelmässig auseinanderfolgende Aenderungen erwarten können, wenn nicht uranfängliche Gründe der Unregelmässigkeit vorhanden gewesen wären.

VII.

Princip der abnehmenden Veränderlichkeit.

Im Ganzen herrscht jetzt sowohl in Betreff der Entwickelung der ganzen Erde als der organischen Geschöpfe auf ihr insbesondere die Ansicht vor, dass dieselben Kräfte, welche in dieser Beziehung noch heute thätig sind, von jeher thätig waren und umgekehrt. Indess abgesehen davon, dass man, nachdem die kosmorganischen Bewegungen ihre Wirkung in Bildung organischer und unorganischer Molecule erschöpft haben, nichts mehr auf sie betreffs neuer Bildung derselben rechnen kann, hat man auch den molecular-organischen Kräften keineswegs mehr dieselbe Wirksamkeit wie früher zur Hervorrufung neuer organischer Bildungen beizulegen, nachdem sie nach dem Princip der Tendenz zur Stabilität schon zu approximativ stabeln Zuständen in dieser Hinsicht geführt haben. Allerdings können diese Zustände nur insofern als Endzustände gelten, als zugleich die der Aussenwelt es sind, mit Bezug zu welchen die approximative Stabilität der organischen Zustände besteht; aber gleichviel, ob in dieser Hinsicht das Ziel erreicht ist, so ist doch seit den Urzuständen der Erde eine erhebliche Annäherung daran erfolgt, und können wir Veränderungen von einer Grösse und Art, wie sie früher in der organischen und unorganischen Welt leicht und möglich waren, wo das Ziel noch ferner lag, jetzt nicht mehr eben so leicht und möglich finden.

Also waren in der organischen Welt wie in der unorganischen unstreitig alle Verhältnisse überhaupt von Anfange herein labil, beweglich, und statt dass sich dieselben organischen Formen immer von Generation zu Generation wiederholten, mochten sie sich erst stark von einer Generation zur andern, dann von einer Epoche zur andern immer in Zusammenhang mit den erst starken, dann allmäligen Aenderungen der unorganischen Aussenwelt ändern, bis mit deren sich fester stellender Gliederung und Entwickelung fester meteorologischer Kreisläufe auch die Gliederung und Wiederholung der Glieder der organischen Geschöpfe eine festere Gestalt gewann.

Zwar kann man gegen das hiemit aufgestellte Princip einer mit der Zeit fortschreitenden Abnahme der Veränderlichkeit der Organismen einen Einwand aus geologischen Thatsachen ziehen, der jedoch keineswegs durchschlägt. Die sedimentären Schichten, welche man nach dem Charakter der darin enthaltenen organischen Reste unterscheidet, sind im Allgemeinen um so dicker, je älter sie sind, und nimmt man die Zeit, welche zu ihrer Ablagerung diente, ihrer Dicke proportional, so würde derselbe Charakter der Organisation sich durch um so längere Zeit erhalten haben, je weiter man in der Zeit zurückgeht. Aber jene Annahme hat selbst nichts für sich. Vielmehr waren unstreitig die verwitternden, ab- und aufschwemmenden Einflüsse um so mächtiger und gab die Erdkruste bei noch grösserer Wärme diesen Einflüssen um so leichter nach, je weiter man in der Zeit zurückgeht, so dass selbst abgesehen von der im 10. Abschnitt aufzustellenden geologischen Hypothese, welche eben dahin zielt, früherhin Schichten von grösserer Dicke als jetzt in gegebener Zeit abgelagert werden konnten.

Auch scheint mir eine grössere Variabilität der organischen Bildungen in früherer Zeit als jetzt insofern ein fast wesentliches Ingredienz der Descendenzansicht, als man nach dieser Ansicht den Entwickelungsgang des einzelnen organischen Geschöpfes als das ins Kurze gezogene Bild des Entwickelungsganges der ganzen organischen Welt oder als ein Zurückkommen Seitens des Individuums auf diesen Entwickelungsgang betrachtet. Auch der Embryo aber zeigt verhältnissmässig um so raschere und grössere Veränderungen, je näher er seinem Ursprunge ist. Und kann man schon nicht schlechthin leugnen. weil die Möglichkeit der Berechnung fehlt, dass die gewaltigen Veränderungen, welche von den Organismen im Laufe der Entwickelung des ganzen Reiches durchschritten sind, nicht auch ohne Zuziehung einer früher stattgehabten grössern Variabilität durch eine Zeitlänge von Milliarden von Jahren möglich wurden und nur jetzt nicht mehr möglich scheinen, weil dazu neue Milliarden von Jahren gehören würden; so wird man es immerhin als einen Vortheil ansehen können, wenn man mit geringeren Zeitkosten und auf leichteren Vorstellungswegen zu demselben Resultate gelangt.

Wenn man von einer Unveränderlichkeit der Naturkräfte spricht und sich deshalb scheut, für die Vorgänge der Jetztzeit andere Kräfte in Anspruch zu nehmen, als für die der Vorzeit, so hat man freilich Recht; aber was würde man sagen, wenn Jemand nach dem Principe der Unveränderlichkeit der Kräfte annehmen wollte, dass ein Stein, der am Ende seiner Fallzeit 100 Fuss in der Secunde durchlaufen ist, auch in der ersten Secunde eben so viel durchlaufen habe. Vielmehr liegt im Gesetze des Falles selbst, dass er Anfangs weniger durchlaufen hat. Und so sollte man jedenfalls die Möglichkeit, dass im Gesetze organischer Entwickelung umgekehrt eine allmälige Verlangsamung dieser Entwickelung liege, im Auge behalten und, da man sie nicht nach der Beobachtung des ganzen organischen Reiches entscheiden kann, nach der Beobachtung seiner Glieder mit Rücksicht auf das Princip der Tendenz zur Stabilität mindestens nach Wahrscheinlichkeit entschieden halten.

In Abhängigkeit vom Vorigen steht eine Hypothese von sehr allgemeiner Tragweite, die in der That ohne die Annahme, dass die Organisation in früheren Zeiten variabler gewesen als jetzt, keinen Halt haben würde, und die es genügen mag an einem speciellen Beispiele zu erläutern.

Der Hahn hat Sporen an den Füssen, eine Federmähne, einen hohen rothen Kamm. Man erklärt die beiden ersten Einrichtungen nach dem Principe des Kampfes um das Dasein dadurch, dass Hähne, an denen dergleichen sich zufällig ausbildete, durch die Sporen ihren Gegnern im Kampfe überlegen und durch die Mähne besser gegen deren Bisse geschützt wurden; also den Platz auf dem Felde des Kampfes behielten. Aber unstreitig hätte man lange auf das Eintreten solcher Zufälligkeiten warten müssen, und wenn man bedenkt, dass bei allen andern Thieren ähnliche Zufälligkeiten angenommen werden müssten, um das Zustandekommen ihrer Zweckeinrichtungen zu erklären, so wird der Vorstellung schwindeln. Ich denke mir vielmehr, als die Organisation noch leichter veränderlich war, vermochte das psychische Streben, dem Gegner im Kampfe tüchtig zuzusetzen, sich vor seinen Angriffen zu schützen, und der Zorn gegen ihn, die noch heute den Sporen in Thätigkeit setzen, die Federmähnen sträuben und den Kamm schwellen machen, diese Theile durch demgemässe Abänderung der Bildungsprocesse wenn nicht an den fertigen Hähnen hervorzutreiben, aber die Anlage dazu den Keimen und hiemit den Nachkommen einzupflanzen, wobei ich natürlich die psychischen Bestrebungen und Zustände nur als die inneren Erscheinungen der physisch organischen ansehe, wovon jene Umbildungen abhingen, das ganze Spiel der psychischen Antriebe mit ihrer physischen Unterlage aber durch das allgemeine Princip der Tendenz zu stabeln Zuständen verknüpft halte, ohne eine speciellere Erklärung zu versuchen. Jetzt freilich vermöchte die stärkste Erbosung eines Hahnes keinen neuen Sporen und Kamm hervorzutreiben, weil sie eben schon hervorgetrieben sind, und die ganze Organisation auf einen approximativ stabeln Zustand in sich und in Verhältniss zur Aussenwelt gelangt ist; obwohl wahrscheinlich doch eine Verstärkung des Sporen und Kammes im Laufe der Generation böser Hähne noch dadurch möglich ist.

VIII.

Verschiedene Entwickelungsverhältnisse des organischen Reiches, welche unter Voraussetzung seines kosmorganischen Ursprunges eine wesentlich andere Auffassung als bisher erfordern.

1) Da in den pflanzenthierischen protoplasmatischen Geschöpfen weder eine Differenzirung in Pflanze und Thier noch in verschiedene Geschlechter schon eingetreten ist, so kann man leicht geneigt sein, den Zustand dieser Geschöpfe als denjenigen anzusehen, von dem die Differenzirung des molecular-organischen Reiches ausgegangen ist.

Auch ohne Rücksicht auf das Princip der bezugsweisen Differenzirung ist man ja allgemein geneigt, im Protoplasma den Urstoff aller organischen Entwickelung zu sehen. Viel wahrscheinlicher jedoch scheint es mir, dass wir darin vielmehr einen von aller Differenzirung und frühern Fortentwickelung rückständigen Rest zu sehen haben, der für sich allein gar keiner höheren Fortentwickelung fähig ist, als die er in den pflanzenthierischen Organismen schon erfahren hat, und der zwar in alle organischen Keime und höheren Organismen constituirend mit eingeht, zur Bildung ihrer Structur, zur Ernährung und zum Wachsthum derselben hilft, indem er dazu schon mehr als blos unorganischer Stoff vorbereitet ist, aber doch so wenig, als dieser ohne organisirende Kräfte, welche sein eigenes Vermögen übersteigen, zur Organisation überhaupt zu führen vermag, zu einer höheren Organisation zu führen vermöchte.

Jedenfalls muss man sehr die Natur eines organischen Stoffes unterscheiden, der sich durch alle Entwickelungsepochen der Erde hat in derselben einfachen Structur zu reproduciren vermocht, von organischen Stoffen, welche in Abänderung ihrer Structur der Entwickelung der Erde zu folgen vermochten. Wäre das Protoplasma von heutiger Beschaffenheit überhaupt zu höheren organischen Entwickelungen fähig, ohne schon in solche einzugehen, so sollte es sich erstens schon seit der unvordenklichen Zeit, von der die Entwickelung des organischen Reiches datirt, höher entwickelt haben, und es somit keine selbstständigen protoplasmatischen Geschöpfe mehr geben; zweitens seine Fähigkeit zu höherer Fortentwickelung noch jetzt beweisen; und jedenfalls hätte man eben so viel Anlass, Versuche darüber anzustellen, als über die generatio aequivoca, um die jetzt herrschende Ansicht von der Rolle, welche das Protoplasma in der Entwickelung des organischen Reiches spielen soll, aufrecht zu halten, Versuche, die wahrscheinlich eben so verunglücken würden. Schlimm aber, wenn die ganze Entwickelungslehre auf Voraussetzungen fusst, deren Anerkennung von der Erfahrung standhaft verweigert wird. Ich gebe zu, dass man diese Voraussetzungen dennoch aufrecht halten muss, wenn es keinen andern Weg giebt, diesen Entwickelungsgang in seinen Anfängen zu repräsentiren, leugne aber mit Vorigem, dass dies der Fall ist.

2) Die Ansicht, dass die ganze Entwickelung des organischen Reiches von einem protoplasmatischen Zustande ausgegangen sei, trifft wesentlich mit der Ansicht zusammen, dass sie von kleinsten Keimen oder einfachsten Geschöpfen, als wie den protoplasmatischen Moneren, ausgegangen sei, und nach der Voraussetzung eines unorganischen Ursprunges des Organismen kann man in der That nicht wohl auf eine andere Ansicht als diese kommen; denn natürlich mussten sich die zufälligen Bedingungen für die erste Entstehung kleinster und einfachst constituirter Organismen im unorganischen Reiche leichter zusammenfinden, als für die Entstehung grösserer und zusammengesetzterer Geschöpfe, und überhaupt lässt sich der ganze Entwickelungsgang unter jener Voraussetzung nicht anders als von solchem Ausgangspunkte consequent darstellen.

Hiegegen steht in eben so wesentlicher Abhängigkeit von der Voraussetzung des kosmorganischen Ursprunges der Organismen die Ansicht, dass der Ausgang der Entwickelung von einem einzigen gewaltigen Geschöpfe von verwickeltster Structur stattfand, welches von vorn herein durch Differenzirung und Spaltung zu einer grossen Mannichfaltigkeit von Geschöpfen von verschiedener Structur als Stammeltern der heutigen führte.

In der That ist hienach das kosmorganische System selbst als das einheitliche Urgeschöpf zu betrachten, von dessen innerlich verwickelten Verhältnissen und Bewegungen alle Differenzirung und Spaltung den Ausgang genommen. Aber auch das durch erste bezugsweise Differenzirung desselben im Ergänzungsverhältnisse zum molecular-unorganischen Reiche hervorgehende molecular-organische dürften wir von Anfange herein unter dem einheitlichen Gesichtspunkte eines Geschöpfes mit entsprechender Verwickelung der inneren Constitution, als dem kosmorganischen Reiche zukam, aufzufassen haben. Denn die Verkleinerung der Bewegungen, wodurch der Uebergang des kosmorganischen Systems in ein Molecularsystem geschah, konnte doch unmittelbar keinen andern Erfolg haben, als dass der kosmorganische Verband aller Theilchen, der durch die grösseren Bewegungen hergestellt war, sich in einen Molecularverband durch kleinere Bewegungen verwandelte; ohne dass man sieht, worin ein Grund zu einer uranfänglichen Trennung des organischen Verbandes gelegen haben könnte. Denn wenn schon nicht nur möglich sondern sogar wahrscheinlich ist, dass in die molecular-organischen Zustände sich unmittelbar mit entstandene oder bald daraus entstandene unorganische eingemischt haben, so würde es doch eine ganz willkürliche Annahme sein, dass diese Einmischung in Form fester, den organischen Verband trennender Scheidewände geschehen sei, vielmehr könnte man darin von vorn herein nur einen Mischverband zwischen organischen und unorganischen Zuständen sehen, wie noch heute solche Mischverbände ohne Trennung des organischen Verbandes bestehen (vgl. S. 10).

Lassen wir nun für die kosmorganischen Bewegungen von vorn herein keine andern beschränkenden Bedingungen gelten, als die in der Natur der Kräfte, von denen sie abhängen, liegen, indess wir die Ur-Anordnung und Ur-Impulse der Theilchen aufs Mannichfachste variirt denken, so wird sich die hievon abhängige Mannichfaltigkeit und Verwickelung kosmorganischer Zustände natürlich auf die unmittelbar daraus hervorgehenden molecular-organischen übertragen, und wir demgemäss anzunehmen haben, dass sich von vorn herein zahllos verschiedene, nur mit der allgemeinen Natur molecularer Kräfte verträgliche Arten organischer Molecule und Arten des Verbandes derselben unter einander und mit den unorganischen Moleculen in chaotischer Zusammensetzung und Auseinanderfolge aus dem kosmorganischen

Zustande hervorgebildet haben, und erst allmälig vermöge der Tendenz zur Stabilität bestimmte Kreisläufe und periodische Bewegungen in diesem Chaos entstanden, kleinere Perioden sich grösseren einbauten, und die Massen sich so differenzirten, theilten und gleichartige Molecule so gruppirten, dass dem Princip jener Tendenz möglichste Genüge geschahe.

Unstreitig nun trat mit der zuletzt oberhalb des heissflüssigen Kernes erfolgenden klaren Auseinandersetzung des unorganischen Reiches in ein Reich des Festen, Tropfbaren und Luftigen unmittelbar auch die zugehörige Differenzirung des organischen Reiches in verschiedene, zu jenen Reichen in verschiedener Beziehung stehende, Reiche ein, und zerfielen diese organischen Reiche, nach Massgabe, als die Bedingungen des Zusammenhanges in einem jeden schwanden, in verschiedene Bestandstücke, Geschöpfe, die eben deshalb von einfacherer Constitution als der allgemeine Mutterstock oder die Mutterstöcke, woraus sie hervorgingen, waren, weil sich deren Verwickelung in diese Bestandstücke auseinandersetzte, aber auch einen einfacheren Bau zeigten, als die im Laufe der Entwickelung des organischen Reiches daraus hervorgegangenen höheren Geschöpfe, sofern sie in ihrer molecularen Structur erst die Anlage zur Differenzirung in deren unterscheidbare Glieder, Organe, organische Systeme in analoger Weise einschlossen, als dies noch heute von den Keimen verschiedenartiger Geschöpfe gilt. Möglich daher auch, dass sie wie diese sich von vorn herein äusserlich viel ähnlicher darstellten, als die später daraus entwickelten Geschöpfe, indess sie doch ebenso wie die Keime schon die Bedingungen der verschiedenartigen Entwickelung in sich trugen.

Nun gehörten zur Entwickelung und selbst einfachen Forterhaltung in einer Nachkommenschaft ausser den innern Bedingungen der ersten Geschöpfe auch angemessene äussere Bedingungen, welche sie bis zu gewissen Grenzen unmittelbar darin fanden, dass sie durch bezugsweise Differenzirung aus dem kosmorganischen Reiche im directesten Ergänzungsverhältnisse zu eben den Theilen des unorganischen wie organischen Reiches hervorgingen, mit denen sie kosmorganisch verschmolzen waren oder unmittelbar zusammenhingen, und nach der Trennung in nächster Beziehung blieben. Auch reichen unstreitig die allgemeinsten Bedingungen bezugsweiser Erhaltung der heutigen Geschöpfe bis zu dieser Entstehungsweise zurück, ohne doch überall zureichend für die Forterhaltung oder Fortentwickelung der ersten Geschöpfe gewesen zu sein. Und so mochten von diesen viele im Kampfe um das Dasein mit andern, welche günstigere Bedingungen für ihre Forterhaltung fanden, wieder untergehen, andre fortbestehen und sich fortpflanzen, ohne es wegen verhältnissmässig zu homogener Constitution zu einem entschiedenen Zellenbau und hiemit zu einer höhern Fortentwickelung, welche erfahrungsmässig durch einen solchen durchzuschreiten hat, bringen zu können, noch andere endlich, welche die Anlage zu höherer Fortentwickelung in complexeren molecularen Zuständen einschlossen, sich im Fortschritte der Entwickelung des organischen Reiches theils in eine Organisation von unterscheidbaren Gliedern, Organen, organischen Systemen entfalten, theils selbst in verschiedenartige im Ergänzungsverhältnisse zu einander stehende Geschöpfe differenziren.

3 Weiter hängt mit der herrschenden Ansicht vom unorganischen Ursprunge der Organismen die Ansicht zusammen, dass die Bevölkerung der Erde mit Organismen von einem oder wenigen Centris, wo sich gerade günstige Bedingungen zur Entstehung derselben zusammenfanden, ausgegangen, mithin um so sparsamer war, je näher der Urzeit; wogegen aus unsern bisherigen Betrachtungen auf Grund der Ansicht vom kosmorganischen Ursprunge der Organismen vielmehr folgt, dass die Verbreitung, Dichtigkeit und Ueppigkeit der Entfaltung des organischen Reiches über der Erde von vorn herein jedenfalls nicht geringer gewesen ist, als heute; vielmehr kann sie nicht nur nach paläontologischen Thatsachen, sondern auch nach dem Princip der Tendenz zur Stabilität heute als geringer angesehen werden, sofern ein

Wachsthum des unorganischen Reiches auf Kosten des organischen im Sinne dieses Principes ist.

Wenn nach der herrschenden Ansicht die Organisation der Geschöpfe in der Urzeit überhaupt noch nicht in so grosse Verschiedenheiten aus einander gegangen war und insbesondere auch nach klimatischen Verhältnissen noch keine so grossen Verschiedenheiten darbot, als heute, so wird Letzteres unstreitig zuzugestehen sein, weil die klimatischen Verschiedenheiten sich selbst erst allmälig ausbilden konnten, stimmt auch mit den Ergebnissen der Paläontologie. Was aber Ersteres anbelangt, so werden wir allerdings die Mannichfaltigkeit der Entwickelung zu verschiedenartigen höhern Geschöpfen auch mit dem Fortschritte der Zeit als wachsend, hingegen nach den Bemerkungen unter voriger Nummer die Mannichfaltigkeit in verschiedenem Sinne molecular angelegter Geschöpfe in der Urzeit grösser als jetzt anzusehen haben.

Wie schwer fällt es, sich z. B. die Entstehung eines brasilianischen Urwaldes vorzustellen, der nicht wie unsre Wälder blos eine einzige oder wenige Species von Bäumen enthält, sondern die verschiedenartigsten unter einander, mit einem Gewirr von Schlinggewächsen, Orchideen u. s. w., mit Affen, Papageien, Schlangen, Schmetterlingen, Moskito's u. s. w., wenn all' das aus gleich angelegten Keimen auf demselben Boden, also wesentlich unter denselben Umständen hervorgegangen sein soll; woher sollen die Bedingungen zu so verschiedener Entwickelung gekommen sein? Nach unserer Auffassung ist der ganze Urwald blos ein auseinandergelegtes und zur Entfaltung gediehenes Stück des kosmorganischen Systemes, worin alle Verschiedenheiten jener Geschöpfe und noch mehr, als sich haben erhalten können, schon vorangelegt waren, wenn sie auch zum Theil erst durch spätere Differenzirung sich deutlich entwickelt haben.

4) Man macht der Descendenzlehre nach der seitherigen Ausführungsweise derselben den Einwurf, dass danach zwischen den verschiedenen Species der Organismen so zu sagen continuirliche Uebergänge zu erwarten wären, statt der sprung-

weisen Verschiedenheit, die sich zumeist zeigt, da die abändernden Bedingungen im Allgemeinen continuirliche Abänderungen zeigen. Denn fehlt es schon hier und da nicht an Uebergängen, welche die Unterscheidung der Species zweifelhaft machen, so sind sie doch mehr Ausnahmen als Regel, indess man das Umgekehrte erwarten sollte. Nun sucht man diesem Einwurfe dadurch zu begegnen, dass der Kampf um das Dasein zwischen den Verwandten stärker als zwischen den Nichtverwandten sei, so dass endlich nur letztre übrig bleiben müssen. Und in der That, nehmen wir z. B. zwei verwandte Pflanzenspecies, die ziemlich dieselben Nahrungsstoffe aus dem Boden brauchen, so wird der durch die eine ausgesaugte Boden nicht zugleich oder nicht mehr zur Ernährung der andern dienen können, indess er noch recht wohl zur Ernährung einer ganz anders gearteten Species dienen kann; wonach die Verhältnisse vortheilhafter für den Zusammenbestand der nicht verwandten als verwandten Species liegen. Aber es scheint mir, dass man mit dieser Betrachtung zu viel und damit im Grunde das Gegentheil von dem beweist, was zu beweisen ist. Denn wenn Individuen verwandter Species in stärkerem Kampfe um das Dasein begriffen sind als nicht verwandte, so müssen aus gleichem Grunde Individuen derselben Species in stärkerem Kampfe begriffen sein als blos verwandte, also Individuen verwandter Species, wenn auch in Nachtheil gegen die Individuen nicht verwandter, doch in Vortheil gegen Individuen derselben Species sein; und man wird also statt der unzähligen Individuen derselben Species eben so viel Individuen verwandter Species zu erwarten haben.

Diese Schwierigkeit der Descendenztheorie fällt nach unserer Auffassung des Ursprunges der Organismen weg, weil man danach alle Species, die keine deutlichen Uebergänge zwischen einander zeigen, als von verschiedenen Urgeschöpfen, in die das molecular-organische Reich zerfallen ist, sei es unmittelbar, sei es mittels späterer bezugsweiser Differenzirung, abhängig denken kann. Das grosse Widerstreben, was viele Naturforscher hegen, die verschiedenen Species der organischen Geschöpfe im Sinne der heutigen Descendenzlehre mit Spielarten derselben Species unter principiell gleichen Gesichtspunkt zu fassen, fände hiemit seine volle Rechtfertigung; und die Schwierigkeit, verschiedene Species zu einer fruchtbaren Fortpflanzung mit dem Resultate einer neuen Species zu bringen, ihre Erklärung.

Man darf nicht einwenden, dass im kosmorganischen System so gut alle mögliche Uebergangsstufen zwischen den Anlagen der einzelnen Species als später zwischen diesen selbst erwartet werden müssten. Dies wäre blos dann der Fall, wenn wirklich ein Princip, was eine Verwandtschaft der Anlagen darin begründete, angenommen werden müsste, was nach unsern Voraussetzungen nicht der Fall. sofern wir uns die Vertheilungs- und Bewegungsweise der Stoffe im kosmorganischen System von vorn herein durch keine andern Bedingungen als die allgemeine Natur der materiellen Kräfte beschränkt denken. Denn hienach werden ausser den Uranlagen zu den verschiedenen Species, die wir jetzt beobachten, allerdings auch alle mögliche, d. i. unendlich viele, Uebergangsstufen gedacht werden können, aber zwischen den Anlagen zu einer blos endlichen Zahl von Geschöpfen doch nicht alle verwirklicht sein und beim Zerfall in diese Geschöpfe zum Vorschein kommen können.

Inzwischen ist damit doch nicht gesagt, dass nicht in der Natur der materiellen Kräfte selbst und dem in letzter Instanz davon abhängigen Princip der Tendenz zur Stabilität, was schon im kosmorganischen System vor Ausgeburt der Organismen eine gewisse Wirkung geäussert, gewisse Gemeinsamkeiten und Verwandtschaftsverhältnisse der Formen, des Baues, der Functionen der Geschöpfe, wie wir solche selbst zwischen verschiedenen Species doch auch beobachten, von vorn herein begründet sein konnten.

IX.

Abstammung des Menschen.

Was man als Consequenz der Descendenzansicht nothwendig hinnehmen muss, ist, dass der Mensch, anstatt von vorn herein und auf einmal im heutigen oder in einem noch vollkommeneren Zustande geschaffen zu sein, vielmehr von einfachen Anfängen an durch eine lange Reihe von Generationen hindurch höhere und immer höhere Entwickelungsstufen, die zoologisch von thierischen nicht zu unterscheiden, durchlaufen habe, bis er zur Menschenwürde gelangte, und auch auf dieser Stufe nur allmälig von sehr niederer zu höherer Bildung vorgeschritten sei. Inzwischen hat man schon anderwärts darauf hingewiesen: wenn doch nichts Anstössiges darin gefunden wird — und was hülfe es, wenn es darin gefunden werden sollte, es ist so — dass der Mensch im Mutterleibe vom Zustande einer einfachen Zelle an wesentlich dieselben Stufen als die unter ihm stehenden Thiere durchläuft, um nur zuletzt über alle hinausschreitend als Mensch hervorzutreten, aber auch dann vom sinnlichsten Kindeszustande anfangend erst allmälig sich zur höheren Bildung des Erwachsenen zu erheben, warum sollte es anstössig erscheinen, wenn die Entwickelung des Menschengeschlechts im Ganzen ganz denselben Gang genommen, und derselbe Plan hier nur in langer Zeit im Grossen durchgeführt worden ist, den wir noch heute bei jedem Einzelnen im Kleinen und in der Kürze durchgeführt sehen. Nun freilich möchte Niemand gern von einem Affen oder doch affenähnlichen Geschöpfe abstammen, wie Letzteres die heutige Descendenzlehre verlangt; aber auch das wird sich nicht aus ihr wegbringen lassen, dass die Entwickelungsstufen, welche der Mensch zu durchlaufen hatte, ihn vor Erreichung der jetzigen Stufe den Affen aus dem Gesichtspunkte zoologischer Charaktere so gut näher stellten, als irgend einem andern Geschöpfe, wie das noch heute nach der Erreichung der Fall ist; denn das lässt sich auch nicht wegbringen; nur sieht man wieder nicht ein, warum man vor der vorher bestandenen Aehnlichkeit erschrecken sollte, wenn man sich mit der jetzt bestehenden, die nur die Fortsetzung von jener ist, abzufinden weiss, jedenfalls abzufinden suchen muss; und ich meine, dass man sich mit jener in entsprechender Weise abfinden kann.

Nothwendig wird durch alle Stufen, die der Mensch im Entwickelungsgange des ganzen organischen Reiches durchlaufen hat, seine Entwickelungsfähigkeit zur heutigen geistigen Höhe stillschweigend eben so durchgegangen sein, als sie noch heute durch die Entwickelungsstufen des menschlichen Embryo durchgeht, indess den Voreltern der Affen eine höhere Entwickelungsfähigkeit factisch eben so abgegangen ist, als sie noch heute ihren Embryonen abgeht.

Hienach aber hätten wir trotz der äusseren Aehnlichkeit mit den Affen, die wir uns noch heute gefallen lassen müssen, doch in keiner Periode eine Ebenbürtigkeit mit den Affen anzuerkennen. Möglich zwar, dass die Ahnen der Menschen und Affen erst durch eine spätere als die allererste Differenzirung des Mutterstockes aller Organismen in gesonderte Stämme auseinandergegangen sind, wie noch heute geistig begabte und blödsinnige Kinder von denselben Eltern stammen können; dann aber hat man doch die blödsinnigen oder ihnen gleich geltenden Kinder nicht als Stammeltern der geistig begabten anzusehen, wie man thut, wenn man die Affen oder mit den Affen vergleichbare Geschöpfe als Stammeltern der Menschen ansieht.

Man macht für die Stammverwandtschaft des Menschen mit den Affen geltend, dass es noch heute Völker giebt, die aller Versuche, sie auf eine höhere Culturstufe zu heben, gespottet haben, und hiedurch wie durch ihren körperlichen Bau sich als Uebergangsstufen zum Affen darstellen. Aber wenn die günstigste Combination von Erziehungsmitteln diese Völker heute nicht höher zu heben vermag, wie will man der Natur zutrauen, dass sie es jemals vermochte, dass also die höher begabten Racen von solchen Racen oder den noch niedern Affen abstammen? Vielmehr werden die einer höheren Entwickelung unfähigen Racen so gut als die Affen sei es aus der ersten oder einer späteren Differenzirung hervorgegangene Seitenlinien der höheren Racen sein.

Also wird man überhaupt annehmen dürfen, dass es durch die ganze Entwickelung des organischen Reiches hindurch Geschöpfe gegeben hat, welche, ohne schon die heutige Entwickelung des Menschen erreicht zu haben, doch in ihrer physisch-psychischen Organisation die Fähigkeit einschlossen, sich dazu fortzuentwickeln, ohne dabei die zur höhern Fortentwickelung überhaupt unfähige Stufe des Affen oder eines dem Affen gleich zu achtenden Geschöpfes zu durchschreiten. Vielmehr wird man die Affen als im Wege der Differenzirung des organischen Reiches abgespaltete Nebenproducte des Menschen, und die niedern Menschenracen als solche bezüglich der höheren Racen zu betrachten haben.

X.

Einige geologische Hypothesen und paläontologische Phantasien.

1) Im Allgemeinen nimmt man an, dass die feste Erdkruste sich durch fortgehende Erstarrung des glühend flüssigen Kernes, von Aussen nach Innen an Dicke zunehmend, gebildet habe, und unterscheidet Urgebirgsmassen als ursprüngliche Producte dieser Erstarrung und neptunische oder sedimentäre Massen als solche, welche aus diesen Massen durch Verwitterung, Zertrümmerung, Ab- und Aufschwemmung hervorgegangen sind. Nun gestehe ich, nicht geologische Kenntnisse genug zu haben, um beurtheilen zu können, ob folgender Modification dieser Ansicht, die mir manche

Vortheile darzubieten scheint, erhebliche Schwierigkeiten entgegenstehen, denen dieselbe dann allerdings zu weichen hätte.

Unstreitig geschahe die Bildung des glühend flüssigen Kernes der Erde nur sehr allmälig durch Niederschlag und Verdichtung aus der kosmorganischen Urmasse, indem sie mit grösster Verdichtung um den Schwerpunkt begann. Je mehr sich der Kern vergrösserte, desto mehr nahm zugleich die Verdichtung und Gluth der neu zugefügten Schichten ab; also konnte er sich nur so lange vergrössern, bis die Ausstrahlung mit der zum Schmelzen nöthigen Erhitzung ins Gleichgewicht kam; und indem die Ausstrahlung des ganzen Systems fortging, indess die Erhitzung durch die Verdichtung nach Aussen hin immer mehr abnahm, begann die Erstarrung. Aber der Zeitpunkt der beginnenden Erstarrung konnte erheblich eher eingetreten sein, als schon alle der Verdichtung zur festen Masse fähige Materie aus den vom Centrum entfernten Regionen des Systems sich auf den Kern niedergeschlagen hatte; und so meine ich, dass, während die Dicke der festen Kruste von Aussen nach Innen wuchs, nicht nur tropfbares Wasser sondern auch, und zwar wohl noch früher als dieses, feste Substanzen, aber nicht in geschmolznem sondern lockerem Aggregatzustande sich nach Aussen auf die Erdkruste ablagerten, und wegen ihrer Lockerheit nicht nur den Fluthen des Wassers leichtes Spiel machten, sie hie und da abzuschwemmen und wieder aufzuschwemmen, sondern auch den Pflanzen einen zur Einwurzelung vorbereiteten Boden gewährten; dies die neptunischen oder sedimentären Schichten.

Eine gewisse Erleichterung, sich zur vorigen Auffassung zu bequemen, kann man vielleicht darin finden, dass sogar noch heute feste kosmische Masse aus den himmlischen Räumen, freilich in verhältnissmässig seltenen Bruchstücken, den Sternschnuppen und Feuerkugeln nämlich, auf die Erde herabregnet und die feste Masse derselben continuirlich vermehrt. In einem Referate über den jetzigen Stand der

Sternschnuppen- und Kometenlehre (Europa 1873. Nr. 9) lese ich: »Man hat berechnet, dass von solchen Meteoren (Sternschnuppen und Feuerkugeln), welche dem unbewaffneten Auge in einer hellen Nacht ohne Mondschein sichtbar werden, jährlich nicht weniger als $7^1/_2$ Millionen in unsern Luftkreis eintreten, und dass mit Hinzurechnung derjenigen, welche durch das Fernrohr wahrnehmbar werden, die Summe auf 400 Millionen steigt.... Die hunderte von Millionen, die in unsrem Luftkreise verbrennen, vermehren das Gewicht der Erde durch ihre Asche in 3 Jahren um 1000 Tonnen.«

Nun sind allerdings die Meteore dieser Art dem irdischen System an sich fremdartige Massen, welchen dies System blos bei seinem Gange durch den Weltraum begegnet und welche wegen der Schnelligkeit der Bewegung durch die Luft in Gluth gerathen und zum Theil verdampfen, indess es sich vorhin um einen langsamen Niederschlag von fester, unserm System selbst angehöriger, Materie handelte; also findet in diesen Beziehungen keine reine Vergleichbarkeit statt; indess lässt sich denken, dass, wenn die Erde noch heute so viele feste Materie auf ihrer Bahn aufzusammeln findet, auch an ihrem Umfange selbst durch lange Zeiten ihrer Bildung hindurch Stoff dazu vorhanden und allmälig niedergeschlagen worden sein kann.

2) Hergebrachterweise stellt man sich vor, dass, als die Oberfläche der festen Erdkruste kalt genug geworden war, um tropfbares Wasser auf sich zu dulden, und in Folge dessen sich Wasser darauf niederschlug, die ganze Erde sich in Zusammenhang mit einem Meere umgab, aus dem erst später Land durch hier und da erfolgende partielle Hebungen emporstieg. Inzwischen sehe ich keinen Grund, warum solche partielle Hebungen der festen Erdkruste nicht schon erfolgt sein sollten, während sie noch zu heiss war, um tropfbares Wasser auf sich zu dulden, da unstreitig unregelmässig hie und da auf die Kruste wirkende hebende, sie wohl selbst brechende und aufrichtende, Kräfte um so leichter angenommen werden dürfen, je mehr man in die Urzeit zurückgeht,

und die Hebung und Zerbrechung selbst um so leichter sein musste, je dünner die feste Erdkruste noch war; hienach aber konnten von vorn herein aus dem sich niederschlagenden Meer Höhen herausragen und würde wenigstens von hier aus keine Schwierigkeit bestehen, die ersten Landgeschöpfe mit den ersten Seegeschöpfen zugleich gebildet zu denken. Wenn aber doch in den ältesten geologischen Schichten nur Reste von Seegeschöpfen gefunden werden, so ist dies kein Gegengrund gegen eine solche gleichzeitige Bildung, da anerkanntermassen überhaupt ein grösseres Hinderniss für die Erhaltung der frühesten Landgeschöpfe als Seegeschöpfe bestanden hat. Indem nämlich Hebungen und Senkungen des Bodens früher wie noch heute und unstreitig früher noch viel mehr als heute wechselten, wurden die Reste der Landgeschöpfe bei der Senkung des Bodens unter das Meer zertrümmert und abgespült, indess die Reste der Seegeschöpfe sich bei Hebung des Bodens in den während der Senkung allmälig abgelagerten Sedimentschichten erhalten konnten. Bekanntlich erklärt man hieraus, dass in zwei über einander liegenden geologischen Schichten Reste von sehr verschiedenartigen Organismen vorkommen können, indem zwischen die Ablagerung dieser Schichten unter dem Meere eine Zeit der Hebung an dieser Stelle fiel, woraus sich keine organischen Reste erhalten haben.

3) Um in einem Gebiete, wohin der sichre Schluss nicht reicht, der Phantasie einigen Spielraum zu gönnen, so stelle ich mir unter Voraussetzung der ersten der vorigen Hypothesen vor, dass der feste Stoff sich von vorn herein auf die feste Erdkruste nicht als trockene rein unorganische Masse, sondern in Form eines mit organischer Substanz und organischer Bewegung durchsetzten dichten Schleimes (um diesen, der Anschaulichkeit dienenden, kurzen Ausdruck zu gebrauchen) niederschlug, in dessen erst abgesetzten Schichten der organische Stoff noch durch die Hitze der Erdkruste verbrannte, indess er in den später niedergeschlagenen Schichten bestandfähig blieb. Diese ganze dichte Schleimmasse hing

von vorn herein zusammen. Durch die ersten lebendigen Zusammenziehungen derselben aber wurde die unorganische Masse ausgeschieden, und indem die Zusammenziehungen nach localer Verschiedenheit der innern Constitution der Masse ungleichförmig erfolgten und local verschiedene äussere Trennungsbedingungen hinzutraten, spaltete und differenzirte sich die ganze organische Masse in grössere und kleinere Geschöpfe, die sich zum Theil wohl noch weiter spalteten und differenzirten, und als Schaalthiere, Korallen, Pflanzen oder Voreltern solcher theils enger theils weniger eng mit der ausgeschiedenen unorganischen Materie verwachsen blieben und nach dem Princip bezugsweiser Differenzirung ergänzende Existenzbedingungen bereit fanden, ein jedes Geschöpf insbesondre mit einem besondern Theile des unorganischen Reiches.

Auch das Urmeer denke ich mir von vorn herein im Zusammenhange mit organischem Stoffe nur lockrer und loser, schwamm- oder netzartig, und das Luftmeer noch lockrer von einem zusammenhängenden organischen Bläschenschaum, durchwoben, hieraus das Wasser und die Luft wie vorhin das Erdreich durch die Zusammenziehung der organischen Materie selbst unter Zerreissen des Zusammenhanges derselben ausgeschieden, wonach von vorn herein kleinere und grössere Geschöpfe insularisch im Meer schwimmen, wolkenartig in der Luft schweben und sich noch weiter spalten und differenziren mochten, wobei schon zeitig, wenn nicht von Anfang herein, ein Infusorienstaub abgespaltet wurde.

Unter einer noch einheitlichern Gestalt stellt sich der Entwickelungsprocess der organischen Welt dar, wenn man sich ohne Rückgang auf eine vorgängige Trennung in drei Reiche vorstellt, dass es dasselbe einheitliche Geschöpf war, welches eine feste Schale und einen festen Boden nach unten ausschwitzte, das tropfbare Meer darüber aussonderte, und die Luft darüber ausathmete, und zuerst ein durch alle drei Reiche in organischem Zusammenhange durchgewachsenes Geschöpf darstellte, welches sich erst später theilte und differenzirte.

Freilich, in den paläontologischen Schichten findet man nichts von solchen Geschichten aufgeschrieben; aber reichen ihre nur in vereinzelten Buchstaben geschriebenen Schriftzüge überhaupt bis in den Anfang der Geschichte? Freilich nimmt man an, dass die Landthiere sich erst aus den Wasserthieren und die Luftthiere am spätesten von allen entwickelten; aber ist man an diese Annahme durch die paläontologischen Thatsachen gebunden? Wohl, wenn sich die vorigen Phantasien, wofür ich sie nur gebe, nicht mit der Paläontologie vertragen sollten, worüber zu urtheilen den gründlichern Kennern zusteht, so kostet es nichts, sie aufzugeben, und man mag dann den Anhalt für die Vorstellung, wie der Uebergang vom kosmorganischen zum molecular-organischen Zustande geschehen sei, in andern Phantasien oder triftigeren Vorstellungen suchen, oder die Frage nach dem Genaueren dahinstellen. Nur um den Versuch eines solchen Anhaltes aber war es hier zu thun.

XI.

Teleologische und psychophysische Verwerthung des Principes der Tendenz zur Stabilität.

Sei die erste Anordnung der Theilchen der Erdmasse noch so unregelmässig, wirr gewesen, ja denken wir uns die Theilchen nach Zufall mit der Hand in den Raum, den die Erde von Anfang an einnahm, gestreut, so wird doch durch das Wirken ihrer innern Kräfte und Mitwirken der Kräfte Seitens der andern himmlischen Massen nach dem Princip der Tendenz zur Stabilität die Erde nothwendig mehr und mehr einem Zustande entgegengegangen sein und, sofern sie ihn noch nicht erreicht hat, ferner entgegengehen, von dem man nach populärem Ausdruck sagen kann, dass Alles möglichst gut darin zusammenpasst; und sollten in den andern himmlischen Massen die Theilchen beliebig anders als in der Erdsphäre vertheilt gewesen sein, so werden sie doch nicht minder einem solchen Zustande entgegengegangen sein und ferner entgegengehen; ja nicht nur Alles möglichst in jedem Himmelskörper für sich zusammenpassen, sondern auch alle unter einander möglichst zusammenpassen. Denn was haben wir unter Zusammenpassen zu verstehen? Dass jeder Theil durch die Wirkung seiner Kräfte beiträgt, die andern und hiemit das Ganze in einen bestandfähigen, das ist aber eben in einen stabeln, Zustand zu versetzen und darin zu erhalten. Wir sprechen aber nur von möglichstem Zusammenpassen, weil im Allgemeinen nur eine Approximation an eine volle Stabilität erreichbar ist.

Das organische Reich unterliegt dem Entwickelungsgange im Sinne dieses Principes solidarisch mit dem unorganischen. Das kosmorganische Reich hat sich hienach in ein möglichst zusammenpassendes organisches und unorganisches auseinandergesetzt oder vielmehr geht dem möglichst zusammenpassenden Verhältnisse fort und fort entgegen. Schon mit der ersten Auseinandersetzung war ein grosser Theil der Anfangs bestandenen Verwirrung und ruhelosen Veränderlichkeit der Zustände gehoben, und noch heute arbeitet der Mensch die Erdoberfläche in dem Sinne weiter aus, und wird von Klima und Bodenverhältnissen dahin bearbeitet, dass die Verhältnisse zwischen Erde und Mensch immer stabler und hiemit immer zusammenpassender werden. Das organische Reich in sich aber hat sich nach demselben Gange in mehr oder weniger auf einander angewiesene Organismen auseinandergesetzt; das Princip der bezugsweisen Differenzirung und des Kampfes um das Dasein sind besprochenermassen nur Hebel des Fortschrittes nach diesem Princip; indess das Princip der Vererbung die Erfolge des bisherigen Fortschrittes sichert.

Man darf nicht sagen, dass die Erreichung der vollen Stabilität in der Welt die Erreichung eines ewigen Stillstandes wäre, sondern nur die Erreichung des zusammenpassendsten, und darum zu keiner weiteren Veränderung Anlass gebenden, Bewegungszustandes in der Welt; und warum sollte sich das Passendste nicht in Ewigkeit wiederholen, wenn die ewige Wiederholung selbst das Passendste wäre. Nur kann ein Zustand, der zur ewigen Wiederholung führt, für die ganze Welt in keiner endlichen Zeit erreicht werden, und kann die ewige Wiederholung im Einzelnen nur insofern das Passendste sein, als sie in die des Ganzen hineintritt, wogegen continuirliche Aenderungen des Einzelnen selbst dazu beitragen müssen, diesem Zustande des Ganzen approximativ entgegenzuführen.

Für den Begriff des Zusammenpassens und da hineintretenden Passens in vorigem Sinne können wir einen anderen damit zusammenhängenden Begriff, der aber vorzugsweise nur in Beziehung auf das organische Gebiet Anwendung findet, von unsrem Principe abhängig machen, den der Zweckmässigkeit.

In der That, überlegen wir es näher, so heissen uns die Entwickelungsvorgänge, die Einrichtungen und Aussenbedingungen eines Organismus nur eben insofern zweckmässig, als sie zu einem approximativ stabeln organischen Zustande zu führen und einen solchen innerhalb gewisser Zeitgrenzen, wenn auch mit grösseren oder geringeren Abänderungen, fortzuerhalten vermögen; denn das Sterben eines Organismus beruht nach materieller Seite auf dem Verluste der organischen Stabilität. Hienach fällt das Princip der Tendenz zur Stabilität mit dem teleologischen Princip, so weit dieses auf die materielle Seite der organischen Welt beziehbar ist, zusammen. Damit aber, dass die Tendenz zum Ziele noch nicht die Erreichung des Zieles bedeutet und das Ziel überhaupt nur in Approximationen erreichbar ist, gewinnen wir auch den Gesichtspunkt dafür, dass die organische Welt trotz des Waltens des teleologischen Princips in ihr doch fortgehens noch so vielen Störungen unterliegt, die den Charakter der Unzweckmässigkeit tragen.

Auch widerspricht der Umstand, dass das Princip der Tendenz zur Stabilität den Uebergang der organischen Stabilität in unorganische durch den endlichen Tod des Organismus nicht nur nicht hindert, sondern sogar im Sinne der Förderung der Stabilität zum endlichen Ziele hat, nicht der Identificirung mit dem teleologischen Princip, dient vielmehr derselben zur Bestätigung, weil ja letztres Princip, so weit es in der Welt wirksam ist — und weiter kann von ihm nicht die Rede sein — den Tod der Organismen eben so wenig hindert.

Indem nun die Tendenz zur Stabilität sich im Sinne des Causalprincipes durch gesetzliche Wirkung von Kräften vollzieht, liegt darin die so oft vermisste Vereinbarkeit beider Principe im physischen Gebiete, indem sich beide nur dadurch unterscheiden, dass man beim Causalprincipe den Grund, beim teleologischen das Ziel einer und derselben gesetzlichen Auseinanderfolge ins Auge fasst.

Die jetzt in Mode stehende Verketzerung des teleologischen Principes beruht in der That nur darauf, dass man kein mit dem Causalprincipe solidarisches Princip der Tendenz, wohin es zielt, zu finden weiss. Im Princip der Tendenz zur Stabilität aber hat man ein solches Princip.

Man hat der neueren Descendenzlehre eine wichtige Bedeutung darin beigelegt, dass das teleologische Princip dadurch gründlich eliminirt werde, indem die organische Zweckmässigkeit danach nur dadurch zu Stande komme, dass von allen nach dem Causalprincip möglichen und wirklich werdenden Einrichtungen nur die zur Erhaltung und Fortpflanzung befähigten d. i. eben zweckmässigen sich forterhalten und fortpflanzen können, die andern von diesen verdrängt werden und eingehen, so dass es keines, auf die Zweckmässigkeit besonders gerichteten Princips bedürfe. An sich seien dem, allein für das Geschehen in Anspruch zu nehmenden, Causalprincipe zweckmässige und unzweckmässige Erfolge gleichgültig und entständen daher gleichgültig sowohl die einen als andern, aber nur jene könnten sich erhalten. — Gilt nun aber das

Princip der Tendenz zur Stabilität, so sind dem dessen Wege führenden Causalprincipe zweckmässige und unzweckmässige Erfolge in der That nicht gleichgültig, sondern ohne Zweckmässigstes sofort vollständig zu erreichen, strebt es doch dieser Erreichung zu. Und wäre es nicht der Fall, so wäre überhaupt gar keine Gewähr gegeben, dass es je zu Einrichtungen, welche sich fortzuerhalten und fortzupflanzen vermögen, käme, da der denkbaren unhaltbaren Einrichtungen unendlich mehr als der haltbaren sind.

Inzwischen kann man von Zweckmässigkeit überhaupt nicht gründlich ohne Mitrücksicht auf die psychische Seite der Existenz sprechen. Wenn wir beispielsweise die Erhaltung einer festen Ordnung des Himmels zweckmässig nennen, so ist es desshalb, weil uns als empfindenden, ästhetisch bestimmbaren Wesen Ordnung überhaupt unmittelbar gefällt, und weil wir Erfolge dieser Ordnung im Sinne einer Mehrung unsres Wohlbefindens oder Verhütung des Gegentheiles spüren, indem wir uns in Raum und Zeit dadurch orientirt finden. Sonst wäre die Ordnung des Himmels aus dem Gesichtspunkte eines Zweckes so gleichgültig als das unregelmässigste Herumfahren der Gestirne unter einander. Aus demselben Gesichtspunkte als die äussere Zweckmässigkeit ist die innere zu betrachten. Sollte ein Organismus so eingerichtet sein, um sich 1000 Jahre in einem leidensvollen Zustande zu erhalten, so würde diese Einrichtung trotz der langen Erhaltung höchst unzweckmässig sein; doch fallen allgemein gesprochen die innern Bedingungen möglichst langer Erhaltung oder langsamer Aenderung eines stabeln organischen Zustandes mit den günstigsten innern Bedingungen des daran geknüpften Wohlbefindens zusammen, und kann man, wenn man die bestimmte Einrichtung eines Gegenstandes oder Systems vor Augen hat, bezüglich dazu Alles zweckmässig nennen, was zur Erhaltung dieser Einrichtung beiträgt, ohne Rücksicht auf psychische Bedeutung; nur ist dies nicht der fundamentale Begriff der Zweckmässigkeit.

Um nun das vereinbarte Princip der Causalität und

Teleologie mit auf die psychische Seite der Existenz zu übertragen, hat man nur anzunehmen, dass die physische Tendenz zur Stabilität Träger einer psychischen Tendenz zur Herbeiführung und Erhaltung eben der Zustände, worauf die physische geht, sei*); dabei aber in Rücksicht zu ziehen, dass die psychische Tendenz theils über theils unter der Schwelle des Bewusstseins sein und theils instinctiv, theils mit der Vorstellung der äussern Mittel, wodurch sie sich vollzieht, und des Zweckes selbst behaftet sein kann.

Je nach den Annahmen nun, die man in diesen Hinsichten betreffs der Bewusstseinsverhältnisse der Welt im Ganzen so wie einzelner Gebiete derselben stellt, kann diese Auffassung noch eine sehr verschiedene Ausführung erfahren. Jeder Versuch einer solchen Ausführung aber begegnet der fundamentalen Schwierigkeit, dass der Mensch wie jedes Einzelwesen überhaupt unmittelbar nur von seinem eigenen Bewusstsein weiss, ohne doch das Dasein von Bewusstsein über ihn hinaus leugnen zu können, mithin weder positive noch negative Annahmen darüber durch directe Erfahrung bewähren oder widerlegen kann, womit hier ein Spielraum für indirecte Schlüsse bleibt, die mehr oder weniger Zutrauen erwecken, überall aber zuletzt nur in einem Glauben Abschluss finden können, dessen Bedürfnisse bei Verschiedenen verschieden sind. Wie ich selbst dieselben zu befriedigen suche, sagt in Kürze der folgende Abschnitt.

Jedenfalls wird man nach Vorigem die causale und teleologische Ansicht des Geschehens als sich ergänzend anzusehen haben, statt wie so oft die eine um der andern willen zu verwerfen; und kurz sagen können, dass der causalen Auseinanderfolge des Geschehens ein derartiges teleologisches Princip immanent sei, dass psychische und physische Tendenzen nach denselben Zielen gehen. Je nachdem nun der causale oder teleologische Gesichtspunkt klarer vorliegt oder die Richtung der Betrachtung durch die Absicht derselben

---

*) Hiezu ein Zusatz am Schlusse dieses Abschnittes.

bestimmt ist, wird man sich vorzugsweise an den einen oder andern halten können.

Bei einer eingehendern teleologischen und psychophysischen Verwerthung des Princips der Tendenz zur Stabilität, als um die es sich hier handelte, wird unstreitig noch auf Vieles eine Rücksicht zu nehmen sein, die hier nicht genommen ist, sofern es hier nur um Aufstellung der allerallgemeinsten Gesichtspunkte zu thun war. Es wird in Betracht zu ziehen sein, dass die Tendenz zur Stabilität zwischen gegebenen Theilen oder Systemen um so schwächer ist, je entfernter von einander und durch je weniger Zwischenglieder sie verbunden sind, dass aber auch die teleologische und psychophysische Beziehung zwischen den Theilen oder Systemen damit abnimmt und der teleologische und psychophysische Nachtheil, der an der Instabilität hängt, sich damit mindert; dass die Periodicität, auf welcher die Stabilität beruht, eine einfache oder eine zusammengesetzte, in kurzen oder langen Perioden sich vollziehende sein, und ein System nach gewissen Bestimmungen oder Theilen stabel sein kann, indess es nach andern instabel ist u. s. w. Aber alles das sind Punkte, die nur die Ausführung, nicht die Aufstellung des allgemeinen Princips und der allgemeinen Gesichtspunkte seiner Verwerthung betreffen.

Zusatz.

Insofern bewusste Antriebe immer mit Lust oder Unlust in Beziehung stehen, kann auch Lust oder Unlust mit Stabilitäts- und Instabilitätsverhältnissen in psychophysischer Beziehung gedacht werden; und es lässt sich hierauf die anderwärts von mir näher zu entwickelnde Hypothese begründen, dass jede, die Schwelle des Bewusstseins übersteigende psychophysische Bewegung nach Massgabe mit Lust behaftet sei, als sie sich der vollen Stabilität über eine gewisse Grenze hinaus nähert, mit Unlust nach Massgabe, als sie über eine gewisse Grenze davon abweicht, indess zwischen beiden, als qualitative Schwelle der Lust und Unlust zu bezeichnenden, Grenzen eine gewisse Breite ästhetischer Indifferenz besteht; wobei zu erinnern, dass möglicherweise jede Art von Bewegung in der Welt, mit Ausnahme etwa der gleichförmigen, als psychophysisch zu fassen, das heisst fähig ist, bewusst zu werden, wenn nur ein, nach Verschiedenheit der Bewegung verschiedener Grad ihrer lebendigen Kraft überschritten wird, welcher gegenüber der qualitativen Schwelle, die sich auf die Form der Bewegung bezieht, als quantitative Schwelle zu bezeichnen ist. Die sich leicht beim ersten Blicke darbietende Schwierigkeit, dass die lustvollste, also nach der Hypothese den stabelsten Bewegungszustand in einem Theile unseres psychophysischen Systems hervorrufende, Einwirkung bei constanter Forterhaltung mehr und mehr an Lustwirkung verliert und endlich gar der Unlust der Langeweile oder des Ueberdrusses Platz macht, dürfte sich theils dadurch heben, dass die innere Erregung, welche von der Einwirkung abhängt, nach dem Gesetze der Abstumpfung mehr und mehr der quantitativen Schwelle der Stärke zusinkt, wovon der Grad der Lust mit abhängt, theils durch die Voraussetzung einer solchen Einrichtung unseres psychophysischen Systems, dass ein approximativ stabler Zustand des ganzen Systems nur mit einem gewissen Wechsel der Erregung zwischen seinen einzelnen Theilen besteht, welchem die über eine gewisse Grenze fortgesetzte einseitige Erregung irgend eines darunter widerspricht. Der Anschauung des schönsten Gemäldes werden wir endlich überdrüssig, aber nicht, weil uns das Gemälde, sondern der mangelnde Wechsel zu missfallen anfängt. Zu weiteren Ausführungen ist hier nicht der Ort; und zuzugestehen, dass die vorige Hypothese der Unsicherheit bisher nicht ermangelt.

XII.

Glaubensansichten.

Ungeachtet das Folgende wesentlich nur Glaubensansichten sind, welche ihr Motiv zum Theil in andern Gesichtspunkten finden, als hier zur Sprache kommen können, wüsste ich doch absolut nicht, was diesen Ansichten von exactester Seite entgegenstände; nur begründen lassen sie sich so wenig exact, als widerlegen; es giebt aber noch andre und höhere Interessen, als exact abgemacht werden können, und die mit den hier zur Sprache kommenden in wesentlichem Zusammenhange stehen.

Ich wüsste zuvörderst nicht, was gegen eine mit Bewusstsein sich vollziehende Einrichtung der gesammten materiellen Welt, darunter der irdischen und organischen, bewiese. Man findet einen Gegengrund darin, dass diese Einrichtung sich mit gesetzlicher Nothwendigkeit vollziehe, und mag nicht zweierlei Gründe des Geschehens statt eines haben, bewusste Antriebe und gesetzlich wirkende Kräfte. Nun sind aber gerade die, welche sich am entschiedensten auf diesen Standpunkt stellen, zugleich am festesten überzeugt, dass alle, selbst die höchsten Bewusstseinsprocesse im Menschen, den Willen desselben nicht ausgenommen, an materielle Vorgänge geknüpft sind, welche mit gesetzlicher Nothwendigkeit entstehen und vor sich gehen und die Bewusstseinsprocesse eben so gesetzlich nothwendig mitführen. Wie können sie also in einer gesetzlichen Nothwendigkeit, mit welcher materielle Processe vor sich gehen, einen Gegengrund darin finden, dass dieselben Träger von Bewusstsein, beziehentlich von bewussten Antrieben, welche eben dahin, wohin die materiellen zielen, sind. Wesshalb soll die schöpferische ordnende bildende Thätigkeit der Welt überhaupt eine gesetzlose sein, um sie für eine bewusste halten zu können? Erst mag der Naturforscher die bewussten Antriebe und Thätigkeiten im Menschen für gesetzlos entstehende und wirkende erklären, was er doch bei seiner deterministischen Entschiedenheit nicht mag, ehe er um der Gesetzlichkeit willen, mit welcher die Ordnung und Ausarbeitung der Welt zu Stande gekommen ist, sie für bewusstlos zu Stande gekommen erklärt. Ich vermisse in der That in den scheinbar exacten negativen Ansichten, welche hierüber im Kreise der heutigen Naturforscher vorherrschen, ganz den exacten Grund und die exacte Consequenz. Vielmehr, statt dem Glauben an das Dasein eines bewusst waltenden Gottes damit zu widersprechen, dass es keine Wunder giebt, hätten sie nur den Theologen damit zu widersprechen, wenn diese zum Glauben an Gott des Glaubens an Wunder bedürfen.

Giebt es aber Naturforscher, und nur mit Naturforschern

will ich mich hier vernehmen, welche sich doch zum Glauben an die Möglichkeit von Wundern im Menschen bekennen, dass nämlich mitunter neue Anfänge eines causalen Ablaufes des Geschehens im Menschen auftreten, welche keinen zulänglichen Grund in früherem Geschehen haben: so kann es ihnen auch nicht schwerer fallen, an die Möglichkeit solcher Wunder über den Menschen hinaus zu glauben. Denn mag man Gründe oder Schwierigkeiten für den Glauben finden, dass es überhaupt indeterministische Freiheit in der Welt giebt, und das ist es, um was es sich hiebei handelt, so sind es bezüglich des Geschehens im Menschen und über den Menschen hinaus dieselben. Ueberall bleibt es eine Glaubensfrage; und wie sie sich entscheide, so lässt sich danach nicht die Frage nach dem Dasein von Bewusstsein über den Menschen hinaus, sondern nur nach der Determination oder Indetermination des Bewusstseins überhaupt, entscheiden, um deren Entscheidung es hier nicht zu thun ist. Es ist nicht wohlgethan, Fragen, die sich scheiden lassen, zu vermischen.

Nun mag der Naturforscher noch andre Gründe haben, ein bewusstes Schaffen und Walten in der Welt über das menschliche und thierische hinaus zu leugnen, vor Allem, dass es keine Nerven über Menschen und Thiere hinaus giebt. Ich meine aber, anderwärts*) handgreiflich genug gezeigt zu haben, um hier nicht darauf zurückzukommen, dass der Schluss, den man aus der Abwesenheit von Nerven auf die Abwesenheit von Empfindung und Bewusstseinsvorgängen überhaupt zieht, dem vorigen an Bündigkeit nur gleich kommt; finde auch nicht, dass er dadurch exacter wird, dass exacte Forscher immer noch fortfahren, darauf zu fussen, obwohl ich mich wundre, dass sie es thun.

Mancher auch mag einen bestimmten Centralpunkt in der Welt vermissen, worin sich die Einheit eines Weltbewusstseins reflectire, und wovon einheitlich durch die Welt durchgreifende bewusste Antriebe den Ausgang nehmen. Aber

*) »Nanna« 73; »Ueber die Seelenfrage« 27.

ist denn ein solcher Centralpunkt für das menschliche Bewusstsein im menschlichen Gehirn zu finden? Und eben so gut könnte man für die, einheitlich durch die Welt durchgreifende, Gravitation den bestimmten Centralpunkt vermissen, worein sie sich reflectire und wovon ihre Wirkungen den Ausgang nehmen. Doch auch hierüber habe ich mich anderwärts *) genug verbreitet.

Dass es positive Motive giebt, die den Glauben, dem man auf Grund solcher und andrer Fehlschlüsse und lockern Betrachtungen widersprechen zu müssen glaubt, mit Naturnothwendigkeit in der Welt hervortreiben, beweist die Verbreitung und Forterhaltung desselben durch die Völker und Zeiten; denn es ist der religiöse Glaube, den man immer von Neuem anfechten, aber niemals stürzen kann, der freilich genug Austriebe erzeugt, die mit der Zeit fallen, aber nur nach Massgabe als ein Stamm desselben erstarkt und sich in bleibende Zweige ausbreitet, das ist der Glaube an einen einigen lebendigen Gott mit seinen Consequenzen. Mag auch der Glaube zeitweis sich schwächen oder verwerfen, — und leben wir nicht in einer solchen Periode, wie eine solche schon mehrmals erlebt worden ist — so ist es nur ein Rücklauf mit Ansatz zu neuer Kräftigung oder Reinigung. Denn die Welt braucht den religiösen Glauben, und dass sie ihn braucht, gehört selbst zu den treibenden Motiven, rechtfertigenden Gründen, gestaltenden und reinigenden Mitteln desselben, worüber sich mehr sagen liesse, als hier der Ort wäre, zu sagen**). Wenn man aber in den Lehrbüchern der Mechanik und Predigten der Materialisten weder etwas von diesen Motiven noch Gründen findet, so hat man sie auch nicht da zu suchen; dennoch bestehen sie.

Scheut man den Dualismus zweier wirkenden Principien? Aber um ihm zu entgehen, stehen ja verschiedene monistische Auffassungen zu Gebote, die nicht nöthigen, von

---

*) »Atomenlehre«. 2. Ausg. 27. Abschn. »Elemente d. Psychophysik« II, 392 ff.

**) Eingehender ist davon gehandelt in meiner Schrift: »Die drei Motive und Gründe des Glaubens«. Leipzig, Breitkopf & Härtel.

einem bewussten Wirken in der Welt zu abstrahiren; und wie sollten sie, da sie ein solches im Menschen bestehen lassen müssen, warum nicht also auch darüber hinaus? Meinerseits fasse ich das Bewusstsein*) überhaupt als innere Erscheinung dessen, was als materieller Process äusserlich erscheint, indem ich finde, dass durch diese Fassung die fundamentalsten Thatsachen der Beziehung von Leib und Seele besser in Zusammenhang repräsentirt werden, als durch jede andre Fassung**); und vielleicht thäte man besser, dies künftig zu beachten, als wie seither zu ignoriren; mögen aber immerhin Andre unsre Fassung hier in eine ihnen geläufigere übersetzen.

Nun liegt meines Erachtens die Aufgabe der Naturwissenschaft als solcher darin, die Welt und das Geschehen darin im Zusammenhange von äusserem Standpunkte nach Seite der äusseren Erscheinlichkeit ins Auge zu fassen und zu verfolgen; und man hat unstreitig Recht, nicht mit geistigen Mächten, die blos Sache der Betrachtung von innerem Standpunkt und mithin Sache der inneren Erscheinlichkeit sind, dahinein zu stören. Jede beider Betrachtungsweisen hat ihre eigene Consequenz. Also ist einer naturwissenschaftlichen Schöpfungsgeschichte als solcher nicht zuzumuthen, sich mit geistigen Schöpfungskräften zu befassen; aber mit der Behauptung, dass es kein schöpferisches Bewusstsein als innere Erscheinung des materiellen Weltprocesses gebe, sollte sie sich eben so wenig befassen; denn es liegt gar nicht auf ihrem Wege, ein Urtheil darüber zu haben. Dass etwas nicht in eine Lehre gehört, beweist noch nicht, dass es nicht existirt. So hat auch die Physiologie statt mit Denken und Wollen nur mit den Gehirnprocessen zu thun, welche als äussere Erscheinlichkeit dazu gehören.

---

*) Hier im weitesten Sinne, d. i. nicht blos als Selbstbewusstsein, sondern so verstanden, dass auch die sinnlichste Empfindung darunter tritt.

**) Vergl. den Eingang des ersten Theiles meiner »Elemente der Psychophysik«. Eingehender ist diese Ansicht vom Verhältnisse zwischen Leib und Seele in »Zendavesta« II, 313 besprochen; und eine Vertiefung derselben findet sich in der Schrift »Ueber die Seelenfrage« Abschn. X.

Könnte man in ein lebendiges Gehirn äusserlich hineinsehen, so könnte man doch nichts von dem bewussten Geiste darin sehen, der blos Sache der innern Erscheinlichkeit ist, und so, wer in die Welt äusserlich hineinsieht, nichts von dem bewussten Gotte darin; daher es freilich natürlich ist, dass Laplace beim Durchmustern des ganzen Himmels Gott nicht finden zu können erklärte; er stand eben nicht auf dem innern göttlichen Standpunkt. Kann man nun durch die Physiologie die Psychologie nicht eliminiren, so sollte man auch durch die Naturwissenschaft die Religion, durch die materiellen die geistigen Schöpferkräfte nicht eliminiren wollen. In der Religion aber ist blos die historische und praktische Seite der Erkenntnisse vom Dasein und Walten eines bewussten Geistes in der Welt vertreten, die theoretische wird man schliesslich in einer Psychophysik höhern Stils zu suchen haben, als bis jetzt vorliegt, und als wovon die Ahnung im Materialismus und der seitherigen Philosophie überhaupt besteht.

Nach diesen allgemeinen Vorbemerkungen gehe ich mit einigen Worten näher auf die hier zu besprechenden Glaubensansichten ein.

Ohne irgend eine bestimmte Ordnung in der Uraustheilung der Weltmaterie vorauszusetzen, suche ich das Walten des bewussten weltschöpferischen und ordnenden Princips in der Hervorrufung der Ordnung selbst durch die demselben dienstbaren Kräfte. Wäre die Welt von Anfange an geordnet gewesen, so gab es auch für Gott nichts mehr darin zu thun; die durch die Welt durchgehende Tendenz zur Ordnung macht sich nun nach materieller Seite als Tendenz zur Stabilität geltend; und diese hat dieselbe Richtung als die daran geknüpfte oder innerlich darin erscheinende bewusste Tendenz, nicht anders, als die materielle Tendenz, meinen Arm zu bewegen, dieselbe Richtung hat, als der daran geknüpfte Wille.

Dies, durch die ganze Welt durchgehende bewusste schöpferische und ordnende Princip bethätigt sich nun auch in Ordnung und Ausgestaltung des irdischen Reiches und hiemit in Schöpfung und Entwickelung des organischen Bestandes dieses Reiches; und das Bewusstsein der Geschöpfe selbst ist als ein Spross aus dem in das irdische Reich eingesenkten und darin individualisirten Urbewusstsein anzusehen. Die Bibel sagt, dass Gott dem Menschen die Seele einblies. Wohl; nur geschah es nicht aus dem Leeren, sondern das kosmorganische Reich der Erde war das von Gottes Odem erfüllte Gebläse, aus dem der Wind in alle Pfeifen drang.

Zwar kann man darauf hinweisen, dass der menschliche Embryo eine lange Reihe von Entwickelungsstufen im Unbewusstsein durchläuft, bis er in ein bewusstes Leben hineingeboren wird; und meinen, entsprechend sei es mit der ganzen Welt und mit der Erde insbesondre gewesen; erst spät, erst mit Entstehen der organischen Geschöpfe, sei überhaupt Bewusstsein in ihr erwacht. Aber man kann auch darauf hinweisen, dass die Entwickelungsstufen, die der Embryo eines Geschöpfes jetzt unbewusst durchschreitet, nur die Folge von Entwickelungsstufen sind, welche von den Vorstufen des Geschöpfes bewusst durchlaufen wurden, und sich jetzt im Embryo nur durch Vererbung wiederholen, durch die sich überhaupt bewusst Entstandenes unbewusst zu wiederholen vermag, Beweis: die Einrichtung des Schäferhundes und Hühnerhundes zu ihren Leistungen; — weiter, dass der Embryo auch heute noch nur von bewussten Eltern gezeugt und geboren werden und die angeerbten Anlagen nur mit Bewusstsein weiter ausarbeiten kann. So weit wir es also rückwärts und um uns verfolgen können, entsteht bewusstes Leben und entstehen Einrichtungen zu bewusstem Leben nur aus bewusstem Leben*), und steht hienach der Glaube frei, dass auch die erste Entstehung des Bewusstseins der Geschöpfe aus einem bewussten Quelle heraus geschahe. Und warum sollte ein kosmorganisches System nicht so gut Träger von Bewusstsein sein können, als die molecular-orga-

*) Natürlich widerspreche ich hiemit der Hartmann'schen Lehre, der zu widersprechen aber auch von andrer Seite Anlass genug vorliegt.

nischen, die es erzeugt? Ich wiederhole es, exact beweisen lässt sich's nicht; aber es handelt sich ja auch hier nur darum, scheinbar exacte Gegenbeweise gegen einen Glauben, der sich auf andre Gesichtspunkte als exacte Beweise zu stützen hat, zu entkräften und selbst Wahrscheinlichkeitsgründe dafür zu eröffnen.

Erfahrungsmässig hinterlässt überhaupt alle bewusste Thätigkeit beim Erlöschen (Herabsinken unter die psychophysische Schwelle) Rückstände, Einrichtungen in der Organisation, welche nicht nur die Wiederholung derselben bewussten Thätigkeit in demselben Individuum erleichtern, sondern auch bis zu gewissen Grenzen der Vererbung fähig sind. Und so ist in der That kein Hinderniss zu denken, dass die ganze heutige zweckmässige Bildung des Embryo nur die vererbte Hinterlassenschaft der durch eine lange Reihe von bewussten Generationen geschehenen Ausarbeitung der ersten, ihrerseits bewusst zu Stande gebrachten Anlage des Menschen sei, die der geborene Mensch eben desshalb nur noch in feinere Bestimmungen ausarbeiten kann, weil er die ganze Hauptanlage als Erbe früheren bewussten Erwerbes bei der Geburt fertig mitbekommen. Was aber von der zweckmässigen Einrichtung des menschlichen Embryo gilt, wird von der zweckmässigen Einrichtung der ganzen Welt gelten. So viel davon jetzt unbewusst im Dienste bewussten Lebens oder als Ansatzpunkt neuen bewussten Lebens fortbesteht und fortwirkt, wird nur der Rest oder das Erbe früheren bewussten Schaffens und Wirkens sein.

Man streitet wohl, ob das Ei oder die Henne das Erste war. Aber dieser Streit ist nicht damit zu verwechseln, ob Unbewusstsein oder Bewusstsein das Erste war; denn auch das unbewusste Ei würde keine bewusste Henne geben können, wenn es nicht die Anlage dazu als Erbe von früherem Bewusstsein her hätte, das man nur nicht in einer ersten Henne, sondern in dem kosmorganischen Reiche zu suchen hat.

Dass die Ausarbeitung der gesammten Welt, und darin des irdischen und organischen Reiches insbesondere, durch bewusste Thätigkeit geschehen sei, schliesst freilich noch nicht ein, dass sie auch durchgehens mit bewusster Voraussicht und Zwecksetzung geschehen sei. Aber es ist natürlich zu glauben, dass diese von jeher so weit gegangen seien, als es zur Erreichung der Weltzwecke, so weit sie nun eben bisher erreicht sind, nöthig war, und dass sie zu aller Zeit über die bewusste Voraussicht und Zwecksetzung der Geschöpfe derselben Zeit hinausgegangen seien, sofern diese blos untergeordnete Glieder des Ganzen, dem das allgemeine Bewusstsein zugehört, sind; ein umfassenderer Geist kann aber auch umfassendere Voraussicht haben. Ohne Bewusstsein fern liegender Zwecke kann Vieles zweckmässig mit und aus dem Bewusstsein gegenwärtiger Bedürfnisse oder Uebel heraus geschehen, sofern deren Empfindung (genauer materieller Process, woran die Empfindung hängt) unmittelbar den Process zur Erfüllung des Bedürfnisses oder Abwendung des Uebels auslöst, nach psychophysisch zu verwerthenden Gesetzen, welche sich dem Princip der Tendenz zur Stabilität unterordnen. Aber jede Entwickelung bewussten Lebens wird auch zur bewussten Voraussicht und Setzung ferner Zwecke führen, indem selbst viele gegenwärtige Bedürfnisse und Uebel nur durch eine Kette von Thätigkeiten erfüllt oder gehoben werden können, wozu eine mit Bewusstsein und in Zusammenhang mit Bezug auf das Endziel erfolgende neue Einrichtung der organischen Maschine des Menschen im Besondern oder Welt im Ganzen nöthig ist, kurz, wozu bewusste Voraussicht und Zwecksetzung als innere Erscheinung der zum Zweck führenden Thätigkeiten gehören. So weit nun das in das göttliche mit eingehende menschliche Bewusstsein fern liegender Zwecke reicht, dieselben zu erfüllen, wird Gott sich nicht darüber hinaus bemühen, sondern sich eben in dem Menschen und durch den Menschen darum kümmern; aber indem es in keinem endlichen Geschöpfe weit reicht, wird auch für Gott Anlass sein, sich mit einer weitern Voraussicht und Zwecksetzung darum zu kümmern; und das wissenschaftliche Vertrauen in das Princip der Tendenz zur Stabilität wird sich dem religiösen Vertrauen, dass Gott Alles zum Besten lenken und wenden werde, unterbauen können, sofern die göttliche Fügung und Führung unwandelbar im Sinne dieses Principes geht, was nichts Andres als das Princip erfolgreichen Strebens zu einem befriedigenden Endziel ist.

Nun kann man sagen: dann verlasse ich mich vielmehr auf das Princip, als auf Gott. Aber eins scheidet sich nicht vom Andern, wenn das Princip eben das Princip göttlichen Schaffens und Waltens ist. Das lebendige Vertrauen eines bewussten Wesens kann doch nur auf die bewusste Seite des Principes gehen. Auch wer sich auf Eltern und Freunde verlässt, richtet sein Vertrauen vielmehr auf das, was er vom Bewusstsein derselben weiss oder voraussetzt, als auf ein Princip, was die materiellen Processe beherrscht, die ihrem Bewusstsein unterliegen, obschon es solche giebt, die ihm unterliegen. Nicht anders kann es mit dem Vertrauen auf Gott sein.

Nach der Grundvorstellung, die wir uns vom kosmorganischen Systeme machten, ist kein Grund, das Bewusstsein darin von Anfange an als gespalten anzusehen. Aber es kann sich fragen, wie es sich jetzt damit verhält, nachdem sich dies System in ein molecular-organisches und -unorganisches, und jenes in die verschiedenen Geschöpfe auseinandergesetzt hat. In dieser Hinsicht aber können Schluss wie Glaube verschiedene Wege gehen.

Gar wohl kann man sich denken, dass bei der Differenzirung der kosmorganischen Urmaterie in Molecular-Organisches und -Unorganisches das Unorganische unter der Schwelle des Bewusstseins blieb, und nur das Organische als überhaupt bewusstseinsfähig über die Schwelle emportrat; und dass bei der Differenzirung der organischen Materie in Pflanzliches und Thierisches abermals das Pflanzliche unter der Schwelle zurückblieb, und nur das Thierische sie überstieg, das Bewusstsein des Thierreichs aber in getrennte Einheiten zerfiel. Hiemit kommt man auf die jetzt herrschenden Vorstellungen zurück.

Hiegegen ist mein Glaube, dass das kosmorganische Reich sich in seiner Entwickelung geistigerseits eben so wie materiellerseits nur gegliedert, nicht gespalten hat, wie ich dasselbe von der ganzen Welt glaube, nach materieller Seite aber gar nicht blos zu glauben brauche.

In der That meine ich, dass die Schöpfung der einzelnen organischen Geschöpfe keinen anderen Sinn hatte, als die Bewusstsein tragenden und demselben dienenden körperlichen Einrichtungen nach den Oertlichkeiten und Umständen in zweckentsprechendster Weise zu specialisiren und zu combiniren, und dadurch das ganze bewusste Leben der Erde auf eine höhere Stufe zu heben, als welche sich ohne Sonderung des Bewusstseins der Geschöpfe und der unterliegenden materiellen Einrichtungen dazu erreichen liess, weil höhere Beziehungen und Verknüpfungen selbst eine Unterschiedenheit und in gewissem Sinne Geschiedenheit des zu Verknüpfenden voraussetzen. Wie sollen z. B. gesellige Beziehungen zwischen den Menschen entstehen, wenn nicht das Bewusstsein der Menschen aus gewissem Gesichtspunkte geschieden ist. Eben so wenig aber könnten sie bestehen, wenn es nicht aus anderm Gesichtspunkte verknüpft wäre. Diese Verknüpfung aber geschieht materiellerseits durch das unorganische Reich, und dieses könnte keine Verknüpfung zwischen Geistern bewirken, ohne selbst Träger geistiger Zwischenwirkung zu sein. Der Blick geht durch den Lichtäther, mit dem wir alle umgeben sind; das Wort geht durch die Luft; der Gang, die Fahrt folgt den Strassen auf der Erde; die Schrift, die Werke der Kunst sind fest gewordene Reste früherer bewusster Thätigkeit, geeignet, neues Bewusstsein zu entzünden. Jeder von uns empfindet nur einseitig das Eingreifen davon in sein Bewusstsein und dadurch eine Beziehung zu anderm Bewusstsein, ohne die Gesammtheit dieser Beziehungen zu empfinden. Ich meine aber, dass all das von einem gemeinsamen Bewusstsein übergriffen wird, welches ausser der Summe des Bewusstseins der einzelnen organischen Geschöpfe auch das Bewusstsein der gesammten Beziehungen dazwischen einschliesst in ähnlichem Sinne, als die auch in gewissem Sinne geschiedenen Bewusstseinsgebiete unserer einzelnen Sinne von einem gemeinsamen Bewusstsein übergriffen werden, welches ausser der Summe derselben auch das Bewusstsein ihrer Beziehungen einschliesst. Ueber der einheitlichen Bewusstseinsverknüpfung im irdischen Reiche aber wird es endlich noch eine solche für die ganze Welt geben.

Denken wir uns die Saiten, die zu einer Musik zusammenwirken, lebendig, jede ihren eigenen Ton und die Veränderung ihres Tones durch die Fortpflanzung der Schwingungen in sie hinein von andern Saiten her empfindend, so könnte sie diese Veränderung doch nur als schwache Nüancirung ihres eigenen Tons empfinden, und jede andre Saite würde die ihr zukommende als eine andre Nüancirung für sich empfinden. Aber wenn die Luft zugleich und in Zusammenhang mit den Saiten empfände, so könnte das System von beiden mit den Tönen der einzelnen Saiten auch die volle Melodie und Harmonie des ganzen Spiels empfinden, indem sich die Schwingungen aller Saiten durch die Luft fortpflanzten und in ihr kreuzten, doch aber das Spiel nur durch Vermittelung der Saiten erzeugt und unterhalten werden, und weder in den Saiten für sich noch der Luft für sich die Bedingung der Vernehmbarkeit des ganzen Spiels gesucht werden. Für die Saiten setze die organischen Geschöpfe, für die Luft das unorganische Reich dazwischen. Im Grunde ist es dasselbe Princip, als nach welchem die so einfachen nur unter einander höchst verwickelten Gehirnfasern Brücken zwischen allen unsern Sinnes- und Bewegungsorganen schlagen. Das sind festgelegte Brücken; aber es bedarf zu diesen festgelegten Brücken in den Organismen der frei veränderlichen, soll nicht das ganze Leben der Erde in feste Bande geschlagen sein.

So verwickelt unsere Gehirne sind, und so sehr man geneigt sein mag, an diese Verwickelung eine Höhe geistiger Eigenschaften zu knüpfen, so ist die Welt unsäglich verwickelter, indem sie eine Verwickelung aller in sie eingehenden Verwickelungen, darunter unserer Gehirne selbst, ist; warum nicht also auch noch höhere geistige Eigenschaften, als uns zukommen, an diese höhere Verwickelung knüpfen.

Der Bau und Ausbau des Himmels erscheint in der That nur einfach, wenn man blos auf die grossen Massen, nicht auch auf deren Ausarbeitung und Verkettung, achtet. Die Weltkörper sind doch keine rohen gleichförmigen Klumpen, und die Beziehungen von Licht und Schwere greifen zwischen ihnen in mannichfachster und verwickeltster Weise durch. Dass aber das Viele in der Welt sich auch einheitlich gruppirt, zusammenfasst, gliedert, widerspricht nicht dem Gedanken, sondern stimmt nur dazu, dass es sich geistig entsprechend zusammenfasst.

Man muss freilich bei all' dem jenes Dogma, was falsche Erfahrungsschlüsse vielmehr begründet, als aus einem richtigen folgt, fallen lassen, dass Bewusstsein blos an feste Nervenstränge gebunden ist. Auch hindert beim Fehlen aller widersprechenden Gesichtspunkte nichts, einen Lichtstrahl nur für einen seiner Eiweisshülle entkleideten Nerven zu halten und mit dieser Annahme andere Gesichtspunkte zu ergänzen, wenn sie dessen bedürfen. Solche Nerven aber durchkreuzen das All und verweben sich im All.

Auch hinsichtlich der Empfindungslosigkeit der Pflanzen theile ich die herrschenden Ansichten nicht. Aber es ist nicht meine Absicht, hierüber in Näheres einzugehen, oder das Vorige weiter auszuführen, nachdem ich mich in früheren Schriften *) genug darüber verbreitet habe. Ich bin mir bewusst, darin die thatsächlichen Verhältnisse sorgfältig in Zusammenhang erwogen zu haben, die überhaupt bisher zur Begründung einer klaren, mit unsern naturwissenschaftlichen und religiösen Interessen gleich verträglichen, Ansicht in diesen Dingen, gegenüber einer Construction aus leeren Begriffen oder starren Dogmen, zu Gebote stehen, in Erwartung, dass die Psychophysik einst noch grössere Sicherheit bieten wird; und finde nicht, dass diese durch das Chaos der herrschenden Ansichten geschlossen durchgehenden Betrachtungen dadurch zu Phantastereien werden, dass man sie

---

*) »Nanna«, »Zendavesta«, »Ueber die Seelenfrage« und »Die drei Motive und Gründe des Glaubens«.

dafür aus Gesichtspunkten und nach Schlüssen erklärt, wie die, deren ich Eingangs gedachte, die nicht einmal den Werth von Phantastereien haben. Wundert man sich aber, dass der »Zendavesta« und »Die Elemente der Psychophysik« aus demselben Menschen gekommen, so ist es dasselbe Wundern, als dass Gezweig und Wurzel aus demselben Keime gekommen und sich zur selben Pflanze zusammengefunden haben. Freilich kann die Wurzel nicht unmittelbar in das Gezweig hineinreichen.

Natürlich sind alle Gleichnisse, die wir brauchen können und anderwärts gebraucht haben, die Verhältnisse des Ganzen an Verhältnissen von Theilen des Ganzen zu erläutern, eben nur Gleichnisse, die nicht bis ins Letzte treffen können, sondern blos so weit, als der Unterschied des Theils vom Ganzen, des Besondern vom Allgemeinen, worin das Besondere inbegriffen ist, nicht in Betracht kommt. Die Welt im Ganzen hat kein Gehirn wie der Mensch, sonst wäre sie nicht mehr, nicht Grösseres und Höheres als der Mensch; aber das hindert nicht, dass gemeinsame Principe der Einrichtung und Leistung von der Welt in den Menschen herab und von diesem in die Welt hinaufreichen; diese hat man ins Auge zu fassen und zu verfolgen und dabei den Gesichtspunkt zu erhöhen und zu erweitern, um das Höhere und Weitere zu erblicken, nicht zu den grösseren und höheren Leistungen in der Welt die gleichen Einrichtungen als im Menschen zu suchen oder zu fodern, und weil man sie nicht findet, ihr die Fähigkeit auch nur zu gleichen Leistungen abzusprechen. Doch ist dies die hergebrachte Weise, diese Dinge zu behandeln; und so darf es mich freilich nicht befremden, wenn man sich nicht darein finden kann und es mir allseits verdacht hat, dass ich mehr auf Gleichnisse in erstem Sinne, das ist mit Rücksicht auf die Ungleichheit der Verhältnisse, als das Gleiche in letztem Sinne gebe.